实用体积压裂技术

主编 罗天雨

重庆大学出版社

内容提要

水力压裂改造是油气田开发工程中的重要环节,而体积压裂是低渗透、特低渗透、致密油气藏成功开发的主要手段。

本书内容包括体积压裂机理、水力压裂多裂缝研究、水力压裂设计、直井多层压裂技术、水平井分级压裂工艺、CO_2干法压裂、火山岩压裂、页岩气储层压裂工艺、二次加砂技术、水平井同步压裂技术等,以体积压裂机理、体积压裂实施为重点,介绍了较新、实用性较强、应用效果较好的工艺技术及研究成果,具有较高的参考价值。

本书主要是针对从事油气田增产的中初级技术人员和管理人员编写的,适用于操作人员、设计人员的技术培训,也可供石油研究院所和石油院校作为教学参考。

图书在版编目(CIP)数据

实用体积压裂技术 / 罗天雨主编. -- 重庆 : 重庆
大学出版社, 2022.4
ISBN 978-7-5689-3148-9

Ⅰ. ①实… Ⅱ. ①罗… Ⅲ. ①油页岩—油层水力压裂
—职业培训—教材 Ⅳ. ①TE357.1

中国版本图书馆 CIP 数据核字(2022)第 061293 号

实用体积压裂技术
SHIYONG TIJI YALIE JISHU
主 编 罗天雨
策划编辑:鲁 黎

责任编辑:陈 力 版式设计:鲁 黎
责任校对:夏 宇 责任印制:张 策

*
重庆大学出版社出版发行
出版人:饶帮华
社址:重庆市沙坪坝区大学城西路 21 号
邮编:401331
电话:(023)88617190 88617185(中小学)
传真:(023)88617186 88617166
网址:http://www.cqup.com.cn
邮箱:fxk@cqup.com.cn(营销中心)
全国新华书店经销
重庆市正前方彩色印刷有限公司印刷

*
开本:787mm×1092mm 1/16 印张:10 字数:259 千
2022 年 4 月第 1 版 2022年4月第 1 次印刷
ISBN 978-7-5689-3148-9 定价:38.00 元

前言

　　水力压裂改造是油气田开发工程中的重要环节,而体积压裂是低渗透、特低渗透、致密油气藏成功开发的主要手段。本书从理论上总结了体积压裂的实践经验,反映了我国体积压裂的技术水平及其发展。本书既是一本理论与实际相结合、系统阐述体积压裂的专业用书,也是一本具有操作性和实用性的工具书,并对典型工艺附上了详细的现场实施工艺设计。

　　本书内容包括体积压裂机理、水力压裂多裂缝研究、水力压裂设计、直井多层压裂技术、水平井分级压裂工艺、CO_2 干法压裂、火山岩压裂、页岩气储层压裂工艺、二次加砂技术、水平井同步压裂技术等,以体积压裂机理、体积压裂实施为重点,介绍了较新、实用性较强、应用效果较好的工艺技术及研究成果,具有较高的参考价值。

　　本书介绍的技术在特定时间内具有先进性及指导性。各单位在使用过程中要密切联系生产实际,根据油气田的具体储层特点,探索其现场应用可行性及配套工艺的完善。

　　本书主要针对从事油气田增产的中初级技术人员和管理人员编写,适用于操作人员、设计人员的技术培训,也可供石油研究院所和石油院校作为教学参考。

　　本书在编写过程中,得到了新疆油田公司工程技术研究院同行的大力协助,在此表示衷心的感谢! 感谢罗晓霜为本书绘制了大量插图。

　　鉴于编者水平有限,书中难免存在疏漏之处,敬请读者提出宝贵意见。

编　者

2021 年 12 月

目录

第 **1** 章
体积压裂机理

1.1　水力压裂机理

在油田开发过程中,对油层进行高压注水时,油层的吸水量随注水压力的上升按一定比例增加。当压力值突破某一限度时,就会出现吸水量成几倍或几十倍的增加,远远超出了原来的比例,而且当突破某一限度后即使压力降低一些,其吸水量仍然很大。实践中的这一偶然发现,给人们以认识油的新启示:既然油层通过高压作用能提高注入量,那么通过高压作用能否提高油层的产量呢? 经过实践证明,油层通过高压作用后,能较大幅度地提高产量。

1947 年美国的湖果顿气田克列帕 1 号井最早进行压裂工作,苏联是 1954 年开始的,而我国是 1952 年在延长油矿开始的。20 世纪 40 年代末,水力压裂常作为一口井的增产措施。水力压裂发展至今在油气田开发中的意义,远远超过了一口井的增产增注作用。它在一定条件下能起到改善采油或注水剖面,提高注水效果,加快油田开发速度和经济效果的作用。近年来,国外在开发极低渗透率的气田中,水力压裂起到了关键性的作用。本来没有开采价值的气田,经大型压裂后成为有相当储量及开发规模很大的气田。从这个意义上讲,水力压裂在油气资源的勘探上起着巨大的作用。压裂是油气井增产、注水井增注的一项重要措施。其优点是施工简单、成本较低、增产(注)显著,适用于致密、低渗透地层。

水力压裂是人们利用地面高压泵组,以超过地层吸收能力的排量将压裂液泵入井内而在井底产生高压,当该压力克服井壁附近地应力并达到岩石抗张强度时,就在地层产生裂缝,继续注入带有支撑剂的混砂液,使裂缝继续在地层中不同方向延伸并在其中充填支撑剂。停泵后,由于裂缝的复杂性,裂缝不能完全闭合,具有一定的导流能力;或者由于支撑剂对裂缝的支撑作用,在地层中形成足够长的、有一定导流能力的填砂裂缝;或者大量流体注入地层,提高了孔隙压力,或者注入了增能型的气体,如氮气、二氧化碳等,提高了地层压力及流体的流动性,从而实现油气井增产和注水井增注。水力压裂主要用于砂岩、砂砾岩、页岩气、煤层气油气藏,在部分碳酸岩油气藏也得到应用。

水力压裂的增产增注机理主要体现在 4 个方面:①沟通非均质性构造油气储集区,扩大供油面积;②将原来的径向流改变为线性流和拟径向流,从而改善近井地带的油气渗流条件;

③解除近井地带污染;④增加地层压力及流体流动性。

体积压裂基本定义如下所述。

在广义上,体积压裂技术包括直井分层压裂技术及水平井分段压裂技术。在狭义上,体积压裂技术是指通过压裂措施在储层中形成裂缝网络的技术。通过压裂方法,破碎低渗透性储层岩石,形成裂缝网络,裂缝面与储层基质之间的接触面积最大,油气从基质向裂缝渗流距离最小,大大提高了整个储层的渗透率,从而实现储层长、宽、高方向的立体压裂。

体积压裂具有以下基本内涵:

①体积压裂裂缝不仅具有简单的开放性断裂形式,还具有剪切破坏和滑移形式。目前,国内外对剪切引发和拉张引发的研究较多,裂缝是建立在经典力学理论基础上的。脆性破裂的广泛存在是体积裂缝产生的原因之一。诱导影响下、局部孔隙压力的变化,使得裂缝的起裂扩展呈现复杂性。

②体积压裂技术的核心是基质中的流体沿"最短距离"向裂缝渗透,降低了基质中流体有效渗流的驱动压力,缩短了基质到裂缝的渗流距离。

在体积压裂过程中,裂缝在储集层中形成网状结构,储层渗透特征发生变化,主要体现在流体中基质可以沿"最短距离"向各个方向渗透到裂缝中,也就是说在流体渗流过程中从基质到裂缝,它们的流动遵循最小阻力原则,自动选择最佳距离(不一定是物理意义上最短的距离),然后从小裂缝回流到较大的分支裂缝,再流向主干裂缝,最后流向井筒。

渗流特征受渗流面积、流动距离、驱动压差控制。这些研究从理论上证实了用"最大、最短、最小"诠释体积改造技术核心理论内涵的合理性。裂缝切割的基质中油气与裂缝间渗流距离仅为数米;对微、纳达西级渗透率储集层,基质中的流体流动至裂缝所需的驱动压差已极大地减小,基质中的油气动用基本无阻碍。

"密切割、立体式、超长水平井"是北美对体积改造技术理解与应用的新突破,其核心是进一步缩短基质中的流体向裂缝渗流的距离,大幅降低驱动压差,增大基质与裂缝的接触面积。立体式体积改造从平面发展到立体,突破了体积改造在平面上"打碎"储集层的思路。

根据研究,当基质渗透率为 1×10^{-5} md,裂缝间隔为91 m时,流体流动所需的驱动压力可达20 MPa。这种情况在实际开发中很难满足,基质中的流体很难被置换。渗透时间方程计算公式为

$$t = \frac{L^2 \phi_m \mu}{1.2 \times 10^{-4} K_m \Delta p} \tag{1.1}$$

式中　t——基质到裂缝液流时间,min;

　　　L——液体从基质到裂缝的渗透距离,m;

　　　ϕ_m——孔隙度,%;

　　　μ——液体黏度,MPa·s;

　　　K_m——基体渗透率,$10^{-3}m^2$;

　　　Δp——驱动压差,MPa。

当基体渗透率为 1×10^{-5} md 时,从基体到裂缝100 m距离渗流所需的时间约为 1×10^6 年。

由式(1.1)的计算可以得出这样的结论:如果渗透时间压差相同,则渗透率越小,有效渗透距离越短。只有利用体积压裂技术在储层中形成裂缝网络,才能实现基质流体对裂缝的

"最短距离"渗流。

③体积压裂技术更适用于高脆性油气藏。储层脆性指标不同,体积压裂技术有所不同。根据岩石矿物学分类,如果页岩中石英含量超过30%,则认为该页岩具有很高的脆性。脆性指数越高,岩石越容易形成复杂的断裂网络。脆性指数是指导压裂模型和液体体系优化的关键参数。

④体积压裂技术常采用"分阶段多簇射孔"的思路改造储层。利用裂缝间干扰产生更复杂的裂缝。这是储层压裂技术和理论的重大突破,也是体积压裂的关键技术之一。

1.2 体积压裂可行性评价

1.2.1 脆性评价

(1)力学参数评价方法

现代强度理论认为,真实材料内部有缺陷,这些缺陷导致材料内部的应力集中,使得材料的实际强度比理论强度低得多。岩体内含有天然裂缝,这些缺陷在外力的作用下,通过突发性的裂解而破坏,表现出脆性行为。脆性指数是实施缝网压裂技术的重要参数,脆性指数越大,储层越适合实施体积压裂技术。

计算方法如下:

$$I_{B,E} = \frac{E - E_{min}}{E_{max} - E_{min}} \times 100\% \qquad (1.2)$$

$$I_{B,\nu} = \frac{\nu - \nu_{max}}{\nu_{min} - \nu_{max}} \times 100\% \qquad (1.3)$$

$$I_B = \frac{I_{B,E} + I_{B,\nu}}{2} \qquad (1.4)$$

式中 I_B——脆性指数,%;

E——岩石的弹性模量,10^4 MPa;

ν——岩石的泊松比,无量纲;

min,max——分别为该参数在某个地层段内的最小值和最大值;

$I_{B,E}$,$I_{B,\nu}$——分别为通过弹性模量和泊松比计算的脆性指数。

通常,E_{max}取8(10^4 MPa),E_{min}取1(10^4 MPa),ν_{max}取0.4,ν_{min}取0.15,脆性系数可计算为

$$I_B = \frac{\dfrac{100 \times (E-1)}{7} + \dfrac{100 \times (0.4 - \nu)}{0.25}}{2} \qquad (1.5)$$

(2)脆性矿物评价方法

对石英、长石、方解石、白云石、黄铁矿等脆性矿物的研究发现:石英和黄铁矿具有较高的弹性模量和较低的泊松比,对应较高的脆性指数;而长石、方解石以及白云石的脆性指数大部分低于50%。由此可知,石英和黄铁矿是脆性较高的脆性矿物,当储层中不存在黄铁矿时,考虑采用钙质矿物作为脆性矿物。矿物组成的脆性系数可计算为

$$I_B = \frac{V_{qu} + V_{ca}}{V_{qu} + V_{ca} + V_{cl}} \times 100\% \qquad (1.6)$$

式中　V_{cl}——黏土矿物含量；

　　　V_{qu}——硅质矿物含量；

　　　V_{ca}——钙质矿物含量。

1.2.2　水平应力差异系数

水平应力差异系数可计算为

$$K_a = \frac{\sigma_{max} - \sigma_{min}}{\sigma_{min}} \qquad (1.7)$$

按照水平应力差异系数 K_a 大小来判断,水平应力差异系数为 0~0.2 时,水力压裂能够形成充分的裂缝网络;水平应力差异系数为 0.2~0.3 时,水力压裂在高净压力时能形成较为充分的裂缝网络;水平应力差异系数大于 0.3 时,水力压裂不能形成裂缝网络。

1.2.3　天然裂缝发育评价

根据岩心观察、FMI 测井、岩心模拟实验等手段判断天然裂缝的发育情况,当天然裂缝比较发育时,容易形成裂缝网络,是进行体积压裂的先决条件。

1.2.4　缝网形成的力学条件计算

(1)张性断裂

根据 Warpinski 和 Teufel 的破裂准则,当天然裂缝发生张性断裂时的力学条件为

$$p(x,t) > \sigma_n \qquad (1.8)$$

当两条裂缝相交后,水力裂缝缝端和天然裂缝连通,压裂液大量进入天然裂缝,天然裂缝的液体压力大小为图 1.1

$$p(x,t) = \sigma_h + p_{net}(x,t) \qquad (1.9)$$

根据二维线弹性理论,剪应力和正应力可表示为

$$\tau = \frac{\sigma_H - \sigma_h}{2}\sin 2\theta \qquad (1.10)$$

$$\sigma_n = \frac{\sigma_H + \sigma_h}{2} - \frac{\sigma_H - \sigma_h}{2}\cos 2\theta \qquad (1.11)$$

式中,$0 < \theta \leqslant \pi/2$。

将式(1.9)、式(1.10)、式(1.11)代入式(1.8)后整理得到,发生张性断裂所需裂缝内净压力为

$$p_{net}(x,t) > \frac{\sigma_H - \sigma_h}{2}(1 - \cos 2\theta) \qquad (1.12)$$

$$p_{net\,max}(x,t) = \sigma_H - \sigma_h \qquad (1.13)$$

式中　$p(x,t)$——裂缝内近壁面液体的孔隙压力,MPa;

　　　σ_n——作用于天然裂缝面的正应力,MPa;

　　　$p_{net}(x,t)$——裂缝内净压力,MPa;

τ——作用于天然裂缝面的剪应力,MPa;

σ_H,σ_h——分别为水平最大主应力和水平最小主应力,MPa;

θ——天然裂缝与主裂缝的夹角;

$p_{net\,max}(x,t)$——使天然裂缝开启的最大净压力,MPa。

天然裂缝开启示意图如图1.1所示。

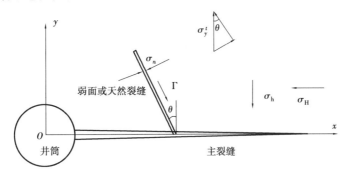

图1.1　天然裂缝开启示意图

通过式(1.12)可知,缝内的净压力$p_{net}(x,t)$起诱导作用,该力可以传送到主裂缝周围的任意张开的裂缝内。天然裂缝中最不利于延展的方位是最小主应力方位,此时闭合应力为最大主应力,天然裂缝张开所需的净压力大小为最大主应力与最小主应力之差[式(1.13)]。如果想制造最宽的缝网,需要比较小的最大、最小主应力之间的差值,或者人为增加净压力大小。

(2)剪切断裂

岩石的剪切断裂通常用库仑准则来描述,它是从无黏聚力土的摩擦强度准则中发展来的。当作用于天然裂缝的剪应力较大时,则天然裂缝容易发生剪切滑移,此时可表示为

$$|\tau| > \tau_0 + K_f[\sigma_n - p(x,t)] \tag{1.14}$$

当两条裂缝相交后,水力裂缝缝端与天然裂缝连通,压裂液大量进入天然裂缝,天然裂缝近壁面的孔隙压力为

$$p(x,t) = \sigma_h + p_{net}(x,t) \tag{1.15}$$

同理,将式(1.10)、式(1.11)、式(1.15)代入式(1.14)后整理,得到发生剪切断裂所需裂缝净压力为

$$p_{net}(x,t) > \frac{1}{K_f}\Big[\tau_0 + \frac{\sigma_H - \sigma_h}{2}(K_f - \sin 2\theta - K_f\cos 2\theta)\Big] \tag{1.16}$$

根据式(1.16),当$\theta = \frac{\pi}{2}\arctan K_f$时,$p_{net}(x,t)$有最小值,其最小值$p_{net\,min}$为

$$p_{net\,min} = \frac{\tau_0}{K_f} + \frac{\sigma_H - \sigma_h}{2}[K_f - \sin(\pi \arctan K_f) - K_f\cos(\pi \arctan K_f)] \tag{1.17}$$

当$\theta = \pi/2$时有最大值,净压力最大值$p_{net\,max}$为

$$p_{net\,max} = \frac{\tau_0}{K_f} + \sigma_H - \sigma_h \tag{1.18}$$

一般认为,天然裂缝$\tau_0 = 0$,天然裂缝或地层弱面发生剪切断裂的最大值同样为水平主应力差值。综合两种情况可知,针对在天然裂缝性储层,使得天然裂缝张开、形成分支裂缝的力学条件(最大需求)为裂缝内净压力超过储层水平主应力的差值。

1.3　体积压裂技术的实施

随着储层增注技术的不断发展,以提高页岩气储层产量为目标的水平井分段压裂设计思想发生了变化。它的概念越来越清晰,方法越来越明确。

1.3.1　近井和远井裂缝复杂性控制技术

体积改造的主要目的是增加远井裂缝复杂性。近井裂缝起裂形态应尽量简单以避免迁曲,或产生多裂缝使裂缝宽度不够导致孔眼处或近井带砂堵。通过定向射孔、等孔径射孔等技术使射孔相位尽量与最大主应力方向一致,能够有效地避免近井裂缝发生迁曲。水平井分段压裂时,同一射孔簇的射孔间距一般应小于 4 倍井筒直径,以保证不同孔眼处的裂缝为单一裂缝。

Beugelsdijk 等研究了天然裂缝地层压裂的近井起裂形态,指出 $Q\mu$ 乘积是影响天然裂缝扩展以及裂缝扩展形态的关键。$Q\mu$ 乘积为 $8.3 \times 10^{-8} \mathrm{N \cdot m}$,液体沿天然裂缝流动,无主裂缝;$Q\mu$ 乘积为 $8.3 \times 10^{-6} \mathrm{N \cdot m}$,形成主缝,天然裂缝不开启。研究表明,排量速度变化率对裂缝起裂影响明显,缓慢提高排量,压力曲线无破压显示,注入液体沿天然裂缝滤失,近井形成多裂缝开启(图 1.2);快速提高排量,压力曲线出现明显破压,天然裂缝不开启,形成单一水力裂缝(图 1.3)。物理模拟实验验证了 $Q\mu$ 乘积的作用。Lecampion 等也发现,针对近井发育天然裂缝的储集层,快速提高排量建立井底压力可避免多裂缝起裂,减小近井裂缝复杂程度。

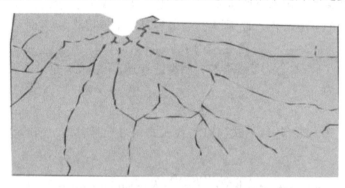

图 1.2　$Q\mu = 8.3 \times 10^{-8} \mathrm{N \cdot m}$ 的裂缝形态

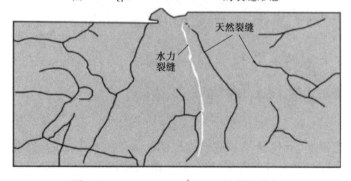

图 1.3　$Q\mu = 8.3 \times 10^{-6} \mathrm{N \cdot m}$ 的裂缝形态

研究认为,人工裂缝转向能力应通过无因次净压力(净压力与水平应力差比值)确定,无因次净压力越大,压裂裂缝越容易偏离主裂缝方向,形成复杂裂缝。同时引入无因次水平应力差异系数(水平应力差值与最小主应力的比值)表征天然裂缝开启能力。相同应力差条件下,最小水平主应力越大,无因次水平应力差异系数越小,天然裂缝开度越小,流体滤失进入天然裂缝难度越大。无因次水平应力差异系数反映流体进入天然裂缝的能力,与水力压裂裂缝转向能力无关。远井裂缝扩展形态主要受远场应力、缝间应力干扰和天然裂缝影响。现场施工中可通过分簇射孔,利用簇间应力干扰的叠加与缝内转向技术提高远井裂缝复杂性。还可缩小簇间距使多簇压裂裂缝相互背离偏转,增大裂缝复杂程度,扩大横向改造范围。天然裂缝发育且近井带易砂堵储集层,可考虑采用"冻胶破岩 + 大排量启动 + 滑溜水携砂"的组合技术来降低砂堵风险,提高远井带裂缝复杂程度,降低近井裂缝的复杂程度。

1.3.2　小粒径支撑剂与滑溜水携砂技术

从支撑剂运移角度分析,支撑剂粒径越小,沉降速度越慢;在缝内的运移距离越远,越能提高支撑剂的铺置效果。支撑剂在缝内沉降的公式为

$$V = \frac{g(\rho_p - \rho_f)d_p^2}{18\mu} \tag{1.19}$$

式中　V——沉降速度,m/s;

　　　ρ_p——颗粒密度,kg/m³;

　　　ρ_f——液体密度,kg/m³;

　　　d_p——颗粒直径,m;

　　　μ——液体黏度,MPa·s。

根据式(1.19)可知,支撑剂粒径减小为常规粒径的1/2,沉降速度则减小为常规粒径支撑剂沉降速度的1/4。目前水平井体积改造由3簇向10簇以上发展,每簇裂缝的分流量大幅下降,由于不能无限提高排量来增大缝宽,且不发生砂堵的极限动态缝宽是支撑剂粒径的2~3倍,因此选择小粒径支撑剂降低砂堵风险,提高支撑剂在裂缝内的运移距离。

滑溜水体积压裂易形成复杂裂缝,小粒径支撑剂不仅在主裂缝内沉降铺置,更易进入分支缝与微细裂缝中,且以转角支撑、单颗粒支撑的形态出现。这种铺置形态符合早期"单层铺置导流能力最好"的研究共识,是复杂缝网有较好导流能力的重要原因。Ely 等总结对比了Eagle Ford 和 Bakken 区块的产量,发现小粒径石英砂比大粒径石英砂应用效果好。目前北美在得克萨斯 Grassland 区块等开展了加入更小粒径支撑剂的现场试验,11 口水平井,采用分段多簇压,每段 3 簇,平均排量 8.6 m³/min,100 目和40/70 目支撑剂的加砂浓度为 300 kg/m³,325 目的微粒径粉砂的加砂浓度为 12 kg/m³,此组合方式生产 210 d 单井累计产气量提高 20% ~ 30%。Dahl 等通过实验和数值模拟指出,注入小粒径支撑剂能提高页岩微裂缝渗透率而增加产量。

在传统压裂理论中,天然裂缝压裂油藏多采用小直径粉陶(0.15 mm 或 100 目)。其作用是封闭天然裂缝,减少渗流,形成主要裂缝,使压裂液在主要裂缝中流动;或控制裂缝高度,如在裂缝底部形成楔形砂室,以防止裂缝向下延伸等。但在体积压裂中,对 0.15 mm 粉陶赋予了新的内涵:在高流量的页岩压裂中,充分利用 0.15 mm 石英粉土小直径的特点,使粉粒在裸露微裂缝中不断迁移,放置在远端的随机位置,支撑微裂缝,促进微裂缝的分流扩展,开辟新的

微裂缝。在新的方向上,这样的过程不断重复,使微裂缝不断转移,连接主要裂缝或继发裂缝,形成具有一定支撑能力的裂缝网,大大提高了开采效果。0.15 mm 粉陶是北美巴尼特页岩非核心区的主要支撑剂。0.15 mm 粉陶作为促进裂缝改道、保持微裂缝持续开放的关键材料,应得到足够的重视和有效的应用。

在体积改造技术应用中,普遍利用滑溜水的低黏度特点来扩大波及体积,以大液量实现能量补充,以大排量实现携砂并促使支撑剂向裂缝远端运移。滑溜水这个概念引进到国内后产生了很多种叫法,国外也没有统一的叫法,如滑溜水(slick water)、减阻水(reduction friction water),有的甚至叫清水压裂(water fracture)。目前滑溜水指的是伤害低、黏度低、摩阻低的液体。滑溜水一般由降阻剂、杀菌剂、黏土稳定剂及助排剂等组成,与清水相比可将摩擦压力降低 70% ~ 80%,同时具有较强的防膨性能,其黏度很低,一般在 10 MPa·s 以下。

滑溜水的出现跟其开发背景分不开。随着美国福特沃斯盆地 barnett 页岩的开发,人们逐渐认识到 Barnett 页岩石英矿物含量高,天然裂缝发育,低黏度的液体更容易进入地层沟通天然裂缝,从而形成复杂的网络裂缝体系。另外,由于裂缝复杂,形成的单个裂缝的宽度很窄,因此对支撑剂粒径要求较小,重要的是,页岩储层产气量较低,高砂比形成高的铺置浓度是没有必要的,可采用低砂比,这对压裂液黏度的要求不高。页岩储层一般具有厚度大的特点,为了沟通更多天然裂缝和更大泄流面积需要提高排量,要求泵注液体的摩阻要低。页岩储藏压裂改造规模大,所需液量大,要求液体成本低。

在使用滑溜水施工时,支撑剂随着液体运移不断发生连续沉降,逐渐从裂缝底部沿高度方向铺置,形成对动态裂缝的支撑。施工结束后不追求快速返排或直接闷井,较低的液体返排率使压裂液支撑裂缝,裂缝不闭合,继续沉降的支撑剂在已堆积铺置的裂缝宽度条件下增加砂提高度,使得大排量产生的动态缝宽基本为支撑缝宽,这是滑溜水压裂可以不追求高砂浓度的机理。若选择小粒径支撑剂或小粒径低密度支撑剂,就能够使支撑剂在裂缝中运移更远,对提高改造效果更有利。

1.3.3 不同黏度液体的交替注入

体积压裂所用液体滑溜水、线性胶、浓胶液的黏度都不高,都有制造缝网的作用,但是具体来说其作用有所不同。线性胶黏度比滑溜水黏度高,比浓胶液黏度低,携砂能力比滑溜水强,可携带少量小颗粒支撑剂(如 100 目陶粒),进入张开的枝节裂缝中,拓宽裂缝带宽,为带宽的持续扩张提供通道。为阻止裂缝带宽无限制朝两边扩展,能够增加裂缝长度,提高总体产能,适当时期加入的支撑剂有提高裂缝转向的能力,防止天然裂缝在一个方向无限制扩展。加入的支撑剂在裂缝闭合后能够提高裂缝网络的导流能力。

滑溜水黏度低,接近清水,在裂缝内的流动阻力大,能开启角度更不利的裂缝,而这些裂缝能更有效地增加裂缝带宽与裂缝改造体积。滑溜水与线性胶的交替注入,使得滑溜水及时进入线性胶所开启裂缝侧翼的天然裂缝中,拓宽整体带宽。滑溜水流动穿透能力强,能进一步增加裂缝带宽。滑溜水对拓宽带宽具有重要的意义。

浓胶液黏度大,流动阻力大,携砂能力强,能够携带大砂比支撑剂进入。由于滤失减小,其增加裂缝带宽的能力不强,能增加裂缝的长度。

1.3.4 缝网与主缝制造技术

对均质低渗气藏,需要较长的裂缝长度来获取理想的产能。对非均质、裂缝发育、低渗气藏,除了一定宽度的裂缝网络带宽外,还需要较长的、具有一定导流能力的主裂缝。实际上裂缝越长,遭遇天然裂缝簇的机会越多,气藏改造体积越大,产能就越高。

1.3.5 压裂参数优化

大量研究表明,储层改造体积越大,增产效果越明显,储层的改造体积与增产效果具有显著的正相关性。体积压裂关键工艺参数包括排量、压裂规模等。

(1)排量

缝内净压力增加才能开启不同角度的天然裂缝或新裂缝,制造缝网。一般而言,排量与黏度是提高缝内压力的手段,对低黏度液体,形成高净压的能力弱,必须采用高排量,使流体在缝内高速流动,制造高净压力,提高裂缝开启动力,有利于各级裂缝的开启,提高缝网制造能力。理论上,对低黏液体,应采用较大的排量,达到所需要的净压力范围,提高制造裂缝网络的能力,其净压力大小要考虑缝高与底水的限制。对线性胶,排量要比胶联胶液、滑溜水高。胶联胶液黏度高,排量不容易提起来,其制造净压的能力强。而滑溜水在管柱及地层中的摩擦阻力高,排量不容易提起来,在管柱受限的情况下可适当降低。页岩气在多通道注入的情况下,采用套管注入线性胶与滑溜水,排量可达 10 m^3/min 以上。火山岩气藏由于注入管柱的限制,排量一般要达到 4 ~ 7 m^3/min。

(2)压裂规模

火山岩气藏的产能几乎靠天然裂缝的沟通与连接。较大的产量依靠天然裂缝的大量张开。缝网体积越大,所需要的液体体积越大,压裂规模就越大。在浓胶液泵入之前,挤入地层的降阻水将充满可能的裂缝网络,当启动高压泵入胶液时,这些充盈在缝网之中的降阻水将产生憋压,进一步制造缝网。火山岩气藏压裂规模一般比常规规模大 3 ~ 5 倍,直井规模要达到 1 000 ~ 1 500 m^3。而页岩气的压裂规模更大。

(3)支撑剂大小、砂比、用量

一般采用较大规模的砂量与液体规模配合。但支撑剂的加入需要讲究一定的程序,在线性胶阶段,支撑剂过早与大砂比、大颗粒支撑剂的加入有可能阻止裂缝的进一步扩展,此时需要小颗粒支撑剂(70/140 目、40/70 目)、小砂比(3% ~ 8%),而在浓胶液阶段则需要大砂比、大颗粒支撑剂(20/40 目或 30/50 目)、大砂量来填充主裂缝。如果线性胶阶段液体总量大,可适当增加此时的支撑剂用量。

1.3.6 水平井分簇限流技术

分簇射孔是体积改造技术应用的关键,每一个压裂段采用多簇射孔(3 簇或更多)时,在恒定排量下确保每簇开启的关键是限制压裂段内的射孔数,如果总孔数能够确保每簇开启有足够的节流阻力,就可实现射孔簇的全部开启,而不必采用段内暂堵技术打开未能开启的簇。受储集层非均质性和射孔孔眼相位等因素的影响,对如何实现各簇均衡改造的问题,需要从多裂缝扩展方面进行研究分析。

分析表明,水平井体积改造采用分簇限流技术可以实现各簇均衡改造,Lecampion 和 Wu 等通过多簇裂缝扩展数值模拟研究也证实了该结论。Somanchi 等提出的极限限流压裂技术即通过更大程度地分簇限流达到多簇同时开启和均匀扩展的目的。该技术在 Montany 区块试验,每段 3 簇压裂,每簇射孔数 2 ~ 3 个,施工排量 5 m^3/min,射孔节流阻力 8.3 MPa。通过光纤诊断显示,相对于常规限流压裂,极限限流压裂每簇进砂量更加均衡,射孔簇效率提高

33%。Weddle 等报道了 Bakken 区块极限限流压裂效果,水平段长度 4 313 m,分压 40 ~ 50 段,每段 12 ~ 15 簇,180°相位角等孔径射孔,每簇 2 孔,砂量 0.98 ~ 1.51 t/m,排量 12.7 m³/min,射孔节流阻力 10 ~ 14 MPa。压后伽马测井表明极限限流射孔簇效率为 80% ~ 90%,而常规限流的簇效率仅为 30% ~ 80%。但是该技术的排量较低,主要是因为极限限流技术的孔数太少,会导致节流阻力过高,大幅增加井口使用压力,限制了排量的提升。而较低的排量往往会使得缝内净压力较低,对形成复杂裂缝以及增大有效改造体积不利。

1.3.7 形成剪切裂缝,可大幅提高裂缝导流能力

国内外大量学者研究了剪切裂缝与导流能力的关系。研究表明,每米裂缝条数与渗透率的增加倍数呈对数关系,高硬度岩石会维持较高的自支撑裂缝导流能力;在形成自支撑裂缝的基础上,水力压裂应追求裂缝高复杂度而不是主缝高导流能力。通过对滤失特征、井间压力和产能等分析,非常规储集层压裂会形成大量剪切自支撑裂缝。剪切裂缝使纳达西储集层具有足够导流能力,有助于提高产量。通过数值模拟研究水力裂缝诱导形成剪切裂缝的渗透率,发现剪切作用可显著提高天然裂缝导流能力,剪切裂缝导流能力可达 $600 \times 10^{-3} \mu m^2 \cdot cm$。对 Eagle Ford 岩样进行剪切裂缝导流实验,闭合应力为 28 MPa 时剪切裂缝导流能力为 $3 \times 10^{-3} \mu m^2 \cdot cm$。通过裂缝诊断测试得到自支撑裂缝导流能力在 15 MPa 闭合应力下为 $(10 \sim 70) \times 10^{-3} \mu m^2 \cdot cm$。研究表明,增大渗流面积的作业方式是基质渗透率小于 $500 \times 10^{-9} \mu m^2$ 的页岩气储集层提高产能的关键。

近年来,导流能力实验表明(图 1.4),同等条件下,张性裂缝导流能力最低且受闭合应力影响最为明显,剪切裂缝由于裂缝粗糙面的支撑作用具有较高导流能力;在 20 MPa 闭合应力下,剪切裂缝的导流能力比张性裂缝高出约两个数量级。若以渗透率表征,在闭合应力为 50 MPa 时,无支撑剂剪切裂缝渗透率为 $25.18 \times 10^{-3} \mu m^2$,该渗透率与页岩纳达西级渗透率相比大幅提高,无支撑剂裂缝仍是有效裂缝。同样,在加入支撑剂的裂缝导流能力实验中得到类似结论,加入相同浓度支撑剂,剪切裂缝导流能力最佳。

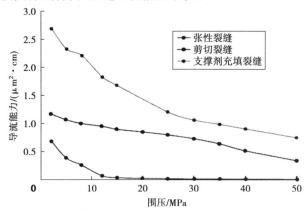

图 1.4 不同裂缝导流能力与闭合应力关系

如果储集层三向应力条件满足剪切裂缝形成条件,或通过大排量滑溜水压裂促使裂缝产生剪切滑移,同时考虑低返排率下压裂液对裂缝的支撑作用,在优化设计时适度降低支撑剂量,可以实现降本增效。

1.3.8　体积改造不需追求主缝高导流能力

非常规储集层有效开发的难题是基质渗透率极低,储集层改造的主要目的是降低基质渗流阻力。研究表明,储集层渗透率低于 $0.01 \times 10^{-3} \ \mu m^2$ 时,次生裂缝网络对产量贡献率约为 40%;储集层渗透率低于 $0.000 \ 1 \times 10^{-3} \ \mu m^2$ 时,次生裂缝网络对产量贡献率约为 80%,可见微纳达西级渗透率储集层的产能受裂缝形态控制,而不是受主缝导流能力控制。通常研究认为致密储集层的临界无因次导流能力一般为 $10 \sim 50$,页岩气为 30 左右,压裂裂缝存在分支缝时,页岩或致密气储集层无因次导流能力降低 $5 \sim 25$,进一步说明复杂缝网形态可减小对导流能力的需求。

研究表明,当水力压裂井无因次导流能力高于临界无因次导流能力时,继续增大无因次导流能力不会提高产能。无因次导流能力为

$$F_{CD} = \frac{K_f W_f}{K_m L_f} \tag{1.20}$$

根据支撑裂缝渗透率计算公式,可知

$$K_f = \frac{\phi W_f^2}{12 \ \tau} \tag{1.21}$$

联立式(1.20)和式(1.21)得到裂缝宽度与无因次导流能力关系为

$$W_f = \left(\frac{12 \ \tau \ F_{CD} K_m L_f}{\phi} \right)^{\frac{1}{3}} \tag{1.22}$$

式中　K_f——渗透率,m^2;

　　　W_f——宽度,m;

　　　K_m——基质渗透率,m^2;

　　　L_f——裂缝长度,m;

　　　τ——支撑裂缝迂曲度。

假设半缝长为 200 m,支撑裂缝孔隙度 5%,支撑裂缝迂曲度为 2,计算达到不同临界无因次导流能力所需的裂缝宽度(图 1.5)。研究表明,对基质渗透率为 $(100 \sim 1 \ 000) \times 10^{-9} \ \mu m^2$ 的储集层,无因次导流能力达到 30 仅需 0.13 mm 缝宽,达到 50 仅需 0.16 mm 缝宽。由此可知,体积改造不需太高加砂量就能满足非常规储集层有效开发需要。

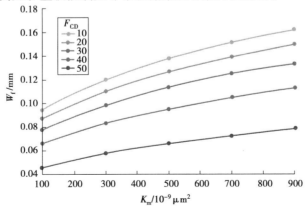

图 1.5　不同无因次导流能力和基质渗透率所需的裂缝宽度

非常规储集层体积改造的最终目的是获得最大 SRV,通过形成复杂缝网或密切割大幅降低基质中流体的渗流距离,实现对储量的最大程度控制和"全"可采。研究表明,剪切裂缝、复杂裂缝在适度加砂条件下均能获得开发所需导流能力,而追求主缝高导流能力的"多砂"模式(如传统冻胶压裂的"少液多砂"模式)不符合体积改造基本内涵。

1.3.9　密切割模式与压裂规模优化

早期研究认为,在水平井分段压裂中使用分簇射孔模式,通常最佳径间距为 20 ~ 30 m,若采用 3 簇射孔则每个压裂段的长度一般在 60 ~ 90 m。而 Mayerhofer 等认为当储集层渗透率低至 $0.000\,1 \times 10^{-3}\,\mu m^2$ 时,如果裂缝间距为 8 m,仍可大幅度增加产量,提高采收率。研究表明,缩小簇间距能够大幅提高储集层的最终采收率。经过多年现场实践,采用缩小簇间距的密切割压裂技术,能够大幅缩短基质中流体向裂缝渗流的距离,对塑性较强、应力差较大、难以形成复杂缝网的储集层实现体积改造。目前北美已将簇间距从 20 m 逐渐缩小到 4.6 m,且广泛应用于非常规储集层的水平井分段压裂中,不局限于难以形成缝网的储集层。

国内外研究表明,如果采用裂缝间干涉,裂缝间距离应小于 30 m。在北美的实际应用中,诱导裂缝的裂隙间距从 80 ~ 100 m 逐渐减小到 20 ~ 30 m,很好地反映了这一研究成果。

在目前的设计中,技术、风险和效益之间的平衡更加受到重视。密切割与井间距的合理匹配是平台井组体积改造的关键。例如,2017 年 Pioneer 公司水平井压裂簇间距和段长与以往相比均缩小。对相同长度水平井,若井间距不变,密切割会导致单井注液量和加砂量不断增大。2013—2014 年,支撑剂 4 082 t,压裂液 42 794 m^3,簇间距 18.3 m,段间距 73.2 m。2015—2016 年,支撑剂 5 715 t,压裂液 51 517 m^3,簇间距 9.1 m,段间距 45.7 m。2016—2017 年,支撑剂 6 940 t,压裂液 71 543 m^3,簇间距 4.6 m,段间距 30.5 m。

尽管单井注液量和加砂规模增大,但支撑剂与注入液量之比保持不变,为 95.4 ~ 110.9 kg/m^3。以每段 2 簇压裂为例,注液量为 2 000 m^3,则每条裂缝注入液量为 1 000 m^3。若增加簇数为 4 簇,则每条裂缝的液量为 500 m^3,导致裂缝长度不够,使两口井之间产生大量未波及区,储量动用效果降低,违背了密切割实现储量全动用的初衷。密切割模式需要缩短井间距、部署加密井或者增大液量规模。

同样,增加簇数将导致单段支撑剂量的增加,假设一个压裂段长度为 60 m,3 簇压裂,簇间距 20 m,注入支撑剂 120 t,每条裂缝 40 t 支撑剂。采用密切割每段增加为 6 簇压裂,簇间距 10 m,这一段压裂需 240 t 支撑剂。由此看来这是目前国外每段压裂支撑剂量大幅增加的主要原因。

但当簇间距从 20 m 缩小到 10 m,每条裂缝所控制基质中的油气减少一半,所需裂缝导流能力应有所变化,至于每簇支撑剂用量为 40 t 还是 50 t 需通过模拟研究与现场实践来优化确定。尽管北美用石英砂替代陶粒实现大幅降本,但过度增加砂量同样会增加材料费和运输费,甚至增大对设备的损耗。笔者认为学习北美不能简单地用倍数关系计算每米增加了多少砂量,而是要考虑簇数增加、井距缩小等各种因素进行优化,具体问题具体分析,用每簇加砂量来表述压裂规模比每米加砂量更科学。

密切割可概括为:①井距不变,簇数增加,所需裂缝长度不变:液量增加,砂量增加;②井距缩小,簇数不变,所需裂缝长度变短:液量减少,砂量减少;③井距缩小,簇数增加,所需裂缝长度变短:液量减少(或不变),砂量增大。井距和簇数的变化是确定液量与砂量增减的基本要素,准确理解北美"少液多砂"的实质是应用密切割技术的关键。

1.3.10 立体式体积改造

现场实践与研究表明,水力裂缝与层理面的相交形态包括穿过、终止、滑移、沟通高角度裂缝等。滑移是层理控制裂缝高度扩展的主要机理。压裂液沿层理面滤失则缝内压力降低,层理滑移使液体流动摩阻增大,导致人工裂缝无法穿过层理,使裂缝在高度上的扩展受限。同样在滑溜水压裂时,支撑剂沿裂缝高度方向不断沉降,并在裂缝底部快速堆积铺置,阻挡裂缝向下扩展。

利用测斜仪对页岩气水平井进行的监测表明,垂直裂缝占总裂缝体积最高达90%,但不少井段的垂直裂缝体积占比仅为50%~60%,人工裂缝系统由垂直缝与水平缝交织构成,说明压裂裂缝具有在水平层理中延伸扩展的特征。中国页岩气现场数据表明,水平井段的轨迹在优质储集层中的位置与改造效果密切相关,裂缝在高度方向上的扩展有限,打破了传统压裂理论认为缝高不受限的观点,促使人们研究思考水平层理、弱面裂缝扩展的影响,寻求新方法提高纵向改造程度问题。

北美钻井提速引起成本大幅下降,不少公司开始探索试验立体式体积改造开发模式,寻求突破井眼轨迹与缝高限制的方法,提高纵向剖面改造效果。Carrizo 公司在 Niobrara 地层实施立体式体积改造,水平段长度 1 426 m,水平段间距 90~100 m,3 层 47 口井,如图 1.6 所示为 A,B,C 三层水平井叠置布井侧视图(即每口水平井水平段趾端位置)。A 层与 C 层的井在垂向上处于同一个立面,B 层错位布井,采用立体交错拉链式压裂技术。

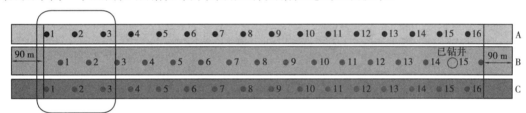

图 1.6 立体交错拉链式压裂技术

压裂顺序从左到右为:C1—C2—B1—A1—C3—B2—A2—A3—…。该方法能够使先压裂井在底部产生一个外加应力场,结合不同层位错位压裂产生的附加应力能够增加临近层系改造的裂缝复杂性,提高纵向各小层的改造效果。Energen 公司在 Delaware 和 Midland 盆地的 Wolfcamp 地层同样采用交错叠置水平井的立体式体积改造技术,2017 年第 2 季度在 Delaware 盆地的 Wolfcamp 地层的纵向两小层分别布井 8 和 10 口,每段长度 45 m,井间距 9 m,水平段长为 2 281~3 210 m,支撑剂用量 2.5~3.0 t/m,注入液量 6.4~7.1 m³/m。18 口井压后 30 d 内最高产量达 300 t/d。

尽管目前国内立体式体积改造还难以实施,但该技术是四川、长庆、新疆多层系致密储集层开发的有效手段,是未来发展的方向。特别在矿权区限制以及新的优质储量尚未发现的背景下,该技术是在已有探明储量区块内实现储量挖潜、提高动用率的最佳选择。

1.3.11 水平井重复压裂的应力场"重构"

长庆王窑油田注水开发 20 年,侧向 50 m 打检测井,取心分析为原始含油饱和度,分析未水淹储集层占比达 48%。需要通过老井重复压裂对未动用储量进行挖潜。

通常,母井生产一段时间后,会在裂缝波及范围内逐渐形成压降区,能量亏空会使地应力场发生改变,甚至发生应力反转,使得母井重复压裂的人工裂缝向压降区靠近并发生偏转。子井压裂同样会受反转应力的"牵引",向母井已压裂改造区靠近甚至发生裂缝"碰撞"[图 1.7(a)]导致改造效果不理想。

为避免子井压裂裂缝靠近流体亏空区域(母井已改造区域),北美提出了母井保护性压裂措施。由于流动遵循最小阻力原理,当压降区使应力发生反转时,会改变流体主流方向,使得两井间基质中的油气向低应力区流动。特别是主流通道形成之后,渗流场的改变尤为明显。

如要确保子井压裂注入液体能够在子井水平段两侧均匀扩展,重构渗流场尤为重要。压裂母井时采用大排量、大液量的蓄能重复压裂,以及多轮次注水吞吐补充地层能量,或同时采用缝内暂堵转向技术。

在子井压裂前,对母井进行重复压裂后,不立即返排[图 1.7(b)]。对初次裂缝蓄能增压,增大流体亏空区域地应力,实现对应力场的重构,避免子井裂缝向已改造区域偏转,实现新平台井组及加密井的有效增产。压裂子井时采用注水和体积改造等都是再次改变主渗流方向并提高未波及区改造效果的技术方法。

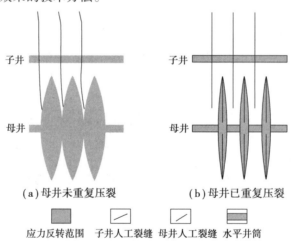

(a)母井未重复压裂　　　　(b)母井已重复压裂

应力反转范围　　子井人工裂缝　　母井人工裂缝　水平井筒

图 1.7　平台井组子井裂缝扩展形态

吐哈三塘湖马 56-101H 井区采用井群模式,发挥井群协同效应,使老区井群压裂井高产、相邻井受效,开发效果显著。压后产油 63 t/d,比邻井提高 3.5 倍,井组内 4 口老井受效,日产量增加 1 倍(由 13.8 t 上升到 25.8 t)。根据母井累计产量,计算储量亏空体积和压降波及范围,确定蓄能液体规模,并采用相应技术对策重构应力场与渗流场,可以降低母井对子井裂缝的"牵引"作用,保护母井并提高子井改造效果。

如何实现有效分段是目前水平井重复压裂的最大问题。双封单卡工具、连续油管定点压裂难以提高排量限制了作业范围,很难达到体积改造需要的效果,投球或暂堵剂重复压裂不能达到有效封堵,难以实现对改造对象的重构,总体上属于笼统压裂范畴。

目前能够实现对井筒再造的主要方法是膨胀管技术,通过膨胀管对水平段进行全封隔,然后重新分段射孔。该技术具有一定的先进性,但存在新缝向老缝扩展的问题。

1.3.12　不均匀放置簇群以提高"甜点"压裂效率

最近的研究和实践表明,高产水平井的射孔群产量贡献大于 80%,而低产井射孔群的产量贡献小于 65%(甚至只有 30%)。由于优化的射孔簇群的位置和簇数对提高处理效果有很大的影响,因此提出了非均匀簇布置的设计思想。优化射孔段位置的依据包括最小应力、发育良好的天然裂缝、高脆性、高 TOC、高含气量、高岩石强度等。例如,在鹰福特(Eagle Ford)紧凑型油藏中,采用了非均匀剖面布置和非均匀聚类布置(部分段为 4 簇,其他部分为 3 簇)。压裂后,各压裂段的产量比相邻井高 20%。

1.3.13　优化支撑剂浓度提高压裂效果

当支撑剂总量不变时,裂缝复杂性增大,平均支撑剂浓度降低,裂缝导流能力下降,支撑剂嵌入效应增大。分析结果表明,对压力较高、硬度较高的地层,低浓度支撑剂保持流动导流能力的关键因素是支撑剂硬度、支撑剂直径和抗嵌入能力;对高压或软地层,应力集中、支撑剂破碎和嵌入可能导致裂缝中有效支撑剂的不足,进而影响压裂效果。不同的裂缝网络需要不同的支撑剂充填方式来支撑。

当渗透率为 $0.01 \times 10^{-3} \sim 1.0 \times 10^{-3}\ \mu m^2$ 时,裂缝网络对产量的贡献率为 10%。由于压裂液效率较低,高黏度压裂液常用来保证大裂缝的快速延伸,达到形成高导流大裂缝的主要目的。因此,采用高浓度支撑剂和连续的支撑剂输入。

渗透率为 $0.000\ 1 \times 10^{-3} \sim 0.01 \times 10^{-3}\ \mu m^2$ 时,裂缝网络对产量的贡献率为 40%,复杂裂缝网络对产量的贡献较大。采用大裂缝与裂缝网络的匹配方式,支撑剂充填应采用中-低浓度段塞注入。

当渗透率小于 $0.000\ 1 \times 10^{-3}\ \mu m^2$ 时,裂缝网络对产量的贡献率高达 80%。必须形成大规模的裂缝网络,以提高产量。在这种情况下,常采用光滑水压裂技术,结合部分油藏的复合压裂技术。采用大液量、大流量、低浓度支撑剂和小直径支撑剂可以扩大裂缝网络规模,使用线状凝胶、高浓度支撑剂和大直径支撑剂可以形成高导流性的裂缝。

在处理过程中,支撑剂的浓度和加入方式取决于页岩的脆性和渗透性等。岩石脆性、射孔方式、支撑剂加入方式、泄油能力等因素决定了所生成裂缝网络的复杂性。裂缝宽度取决于流量、压裂液黏度、岩石脆性、地应力以及是否存在有效封口等因素。初始支撑剂浓度一般为 $24 \sim 40\ kg/m^3$,压力稳定后依次增加 $40\ kg/m^3$。支撑剂浓度的上限取决于支撑剂的大小:支撑剂 100 目,浓度上限为 $300\ kg/m^3$;支撑剂 40/70 目,浓度上限为 $240\ kg/m^3$。

1.3.14　暂堵压裂提高多簇开启能力

段内分簇数量一般 $3 \sim 6$ 簇,每簇对应的破裂压力不尽相同,在开启过程中存在缝间干扰,导致少量的射孔簇没有开启形成裂缝。为了保证所有射孔簇处的裂缝开启,在施工过程中,待加砂完毕后,投入暂堵剂,暂堵已经形成的裂缝,开启难破裂的射孔簇,形成新的裂缝,提高体积压裂效果。

1.4 低脆性地层体积压裂设计思路

对脆性较高的地层,一些压裂技术(如水滑、高排量、低支撑剂浓度、段塞注入等)已成为主要的改造技术。但对脆性较小地层的体积压裂,改造思路必须突破传统的用高黏度液体形成高导流长裂缝的设计模式。

1.4.1 多次转向压裂技术原理

多次转向压裂技术是在施工过程中,通过人工干预,裂缝净压力高于储层失稳面的最大应力,自然裂缝的拉张和剪切破裂,甚至高于基质岩石破裂压力,从而形成多条裂缝。针对具有基质孔隙的储层,在主裂缝的支撑裂缝长度达到预期长度后,可以通过下列措施有意提高净压力:提高排量、增加支撑剂浓度、裂缝内化学暂堵等,形成多分支裂缝。针对天然裂缝油藏,尝试通过控制形成裂缝网络,在提高净压力的同时,将更多的天然裂缝连接起来,形成"裂缝网络"系统。

1.4.2 同层缝口转向压裂技术

在压裂过程中,当主裂缝形成以后,投入合适粒径的暂堵颗粒,堵塞炮眼及裂缝端部,形成憋压,压开井筒上不同角度处的射孔孔眼,形成第二条主裂缝,然后注前置液、携砂液,形成导流能力较强的分支裂缝,从而增加改造面积,增加裂缝复杂程度,提高产量。适用条件:最大最小主应力差别在5 MPa以内。

1.4.3 多次停泵施工模式

重新启泵容易产生复杂的裂缝,裂缝的起裂和延伸表现出复杂的网络压裂模式。具体的处理步骤:首先进行一次压裂,停泵一段时间后再进行二次压裂,然后再停泵一段时间。这种压裂和泵停过程将重复几次,这项技术可以充分利用裂缝间的干扰形成复杂的裂缝。如果多次泵注能改变已充液油藏的应力(应力重定向),则先后形成的裂缝将不同于原生裂缝,可在新的位置和方向形成裂缝。通过原生裂缝、诱导裂缝、天然裂缝和叠层的综合作用,形成复杂的裂缝网络,产生更好的刺激效果。如果应力场变化不足以使裂缝改道,则连续泵注支撑剂可在一次压裂过程中形成的砂桥上沉积或延伸,提高支撑剂的导流能力,从而提高增产效果。

在连续压裂过程中,如果相邻区域的应力场发生变化并重新定向(最大和最小的主要方向发生逆转,或有一定的角度变化),则新裂缝将沿着垂直于原生裂缝的长方向扩展,贯穿椭圆应力重定向区边界(水平等应力点)。当超过应力各向同性点时,应力方向恢复到初始应力状态。新裂缝将逐渐转向,沿与原生裂缝平行的方向延伸。如果应力不能重新定向,新的裂缝将继续沿着初级裂缝方向延伸。一次压裂形成的支撑剂可以改变下一次压裂液的流动方向,进而逐步促进支撑剂的充填,直至油层完全支撑形成相对均匀的砂桥。单次压裂(前期支撑剂浓度较高,后期支撑剂浓度较低)产生了非均匀支撑剂充填。二次压裂采用均匀支撑剂充填(支撑剂浓度沿裂缝长方向均匀),输出计算结果表明,累积产量增加。

当支撑剂排列均匀时,累积产量有所增加。在采用多次注采压裂时,支撑剂布置均匀,甚至不能分流,生产效果优于传统压裂。

1.4.4　水平井更小簇间距密切割技术

通过在一个恒定的水平段上设计更多的簇群,簇间距将更小,而单段压裂时的簇数将更多。通过更多的人工裂缝和更有效的裂缝间应力干扰,可以建立人工裂缝网络,进一步"破碎"地层。

1.5　体积压裂案例

1.5.1　设计参数

火山岩 DX1413 井(表1.1),3 900 m,产层厚度40 m。设计降阻水420 m³、线性胶672 m³、交联胶液624 m³、40/70目陶粒10.0 m³;30/50目陶粒40.0 m³,采用Φ88.9油管注入,并设计安装封隔器。设计裂缝带宽30 m,动态长度192 m。线性胶与交联胶液设计排量4～5.5 m³/min,降阻水2～3 m³/min。主压裂设计排量4～5.5 m³/min,泵压70～85 MPa,前置液百分比48%,最高砂浓度35%。全程进行地面裂缝监测。

表 1.1　DX1413 井泵注程序

阶段	净液量/m³	砂比/(kg·m⁻³)	砂比/%	砂量/m³	砂液量/m³	排量/(m³·min⁻¹)	破胶浓度/%	备注	支撑剂
循环/试压	5.0	—	—	—	—	—	—	线性胶	—
循环低替	50.0	—	—	—	—	1.0～1.5	—	线性胶	—
前置液	80.0	—	—	—	80.0	2.0～3.0	—	线性胶	—
前置液	80.0	—	—	—	80.0	3.0～4.0	—	线性胶	—
前置液	80.0	—	—	—	80.0	4.0～5.5	—	线性胶	—
段塞	30.0	51	3.0	0.9	30.5	4.0～5.5	—	线性胶	40/70目
前置液	50.0	—	—	—	50.0	4.0～5.5	—	线性胶	—
段塞	30.0	85	5.0	1.5	30.8	4.0～5.5	—	线性胶	40/70目
前置液	50.0	—	—	—	50.0	4.0～5.5	—	线性胶	—
前置液	150.0	—	—	—	150.0	2.0～3.0	—	降阻水	—
前置液	50.0	—	—	—	50.0	4.0～5.5	—	线性胶	—
前置液	150.0	—	—	—	150.0	2.0～3.0	—	降阻水	—
前置液	50.0	—	—	—	50.0	4.0～5.5	—	线性胶	—
前置液	230.0	—	—	—	230.0	4.0～5.5	0.02	胶液	—

续表

阶段	净液量/m³	砂比/(kg·m⁻³)	砂比/%	砂量/m³	砂液量/m³	排量/(m³·min⁻¹)	破胶浓度/%	备注	支撑剂
携砂液 247 m³	20.0	118	7.0	1.4	20.7	4.0~5.5	0.02	胶液	40/70 目
	24.0	169	10.0	2.4	25.2	4.0~5.5	0.02	胶液	40/70 目
	29.0	220	13.0	3.8	30.9	4.0~5.5	0.02	胶液	40/70 目
	70.0	304	18.0	12.6	76.5	4.0~5.5	0.05	胶液	30/50 目
	51.0	389	23.0	11.7	57.0	4.0~5.5	0.06	胶液	30/50 目
	32.0	473	28.0	9.0	36.6	4.0~5.5	0.07	胶液	30/50 目
	16.0	524	31.0	5.0	18.5	4.0~5.5	0.08	胶液	30/50 目
	5.0	592	35.0	1.8	5.9	4.0~5.5	0.10	胶液	30/50 目
顶替液 16.4 m³	16.4	—	—	—	16.4	5.5~3.0		线性胶 + 降阻水	
合计	1 293.4	—	—	50.0	1 319.0	—	—	—	—
备注	根据施工压力变化由现场人员及时调整排量、砂比等施工参数								

1.5.2 施工参数

施工耗时 310 min,最大施工排量 5.5 m³/min,共入井液体 1 308.5 m³,其中,线性胶 592 m³、降阻水 300 m³、胶液 400 m³,平均砂比 19.6%,顶替液 16.5 m³,加砂 50 m³,井口破裂压力 46 MPa。

1.5.3 压裂分析

DX1413 井压裂施工曲线如图 1.8 所示,净压力拟合曲线如图 1.9 所示,G 函数拟合曲线如图 1.10 所示,压裂监测俯视图如图 1.11 所示。

压裂施工曲线图表明,地层破裂压力不高;线性胶阶段压力略有上升,反映裂缝持续扩展;降阻水注入阶段,压力上升 5 MPa,新裂缝形成明显;胶液加砂阶段油压上升,主缝持续延伸;顶替油压高,形成端部脱砂效果。

净压力拟合曲线图表明,滑溜水阶段净压力达到 7.5 MPa,胶液阶段净压力达到 10 MPa。水力裂缝长度为 185 m,缝高为 57 m。

G 函数拟合曲线图表明,在压降阶段有两组明显的大的裂缝分别关闭,它们闭合应力不同,反映了在压裂过程中有两套明显的天然裂缝系统形成。

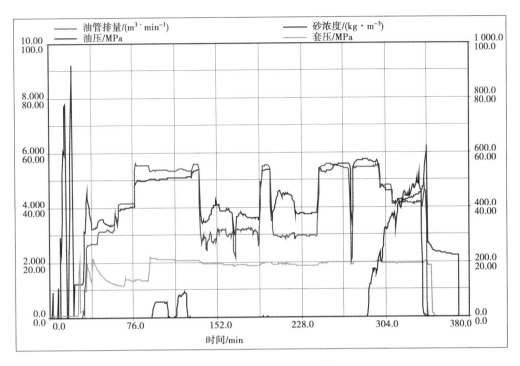

图 1.8　DX1413 井压裂施工曲线

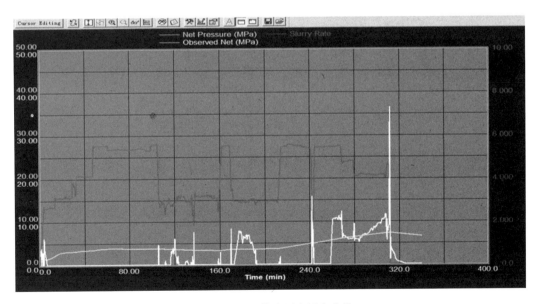

图 1.9　1413 井净压力拟合曲线

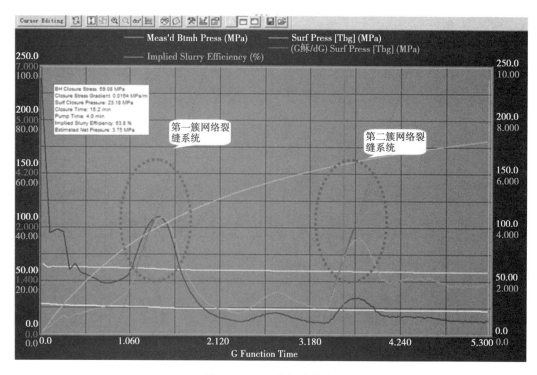

图 1.10　G 函数拟合曲线

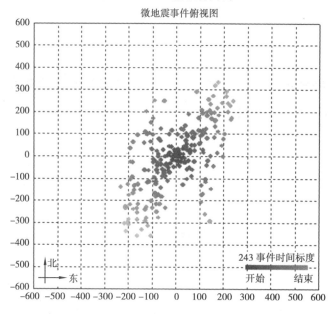

图 1.11　压裂监测俯视图

1.5.4　裂缝监测结果

裂缝监测解释结果表明,井筒周围有 4 组较大的支缝,分别为北东 50°、北东 40°、北西 45°、北西 60°。主缝带宽宽度约 60 m,裂缝整体翼宽约 133 m。西翼裂缝长度为 180.35 m,东翼长度为 161.51 m,裂缝高度为 44.88 m。缝网效果明显。

1.5.5 施工效果

该井压后初期采用 3.0 mm 油嘴控制放喷求产,油压 22 ~ 23 MPa,日产气(3.5 ~ 4.0) × 10^4 m³,日产油 6.0 m³ 左右。随后由于储层支撑剂回流、井口冻堵等影响,采取了关井措施,并安排探测砂面工作。目前井口油压恢复到 35 MPa 以上,预计后期投产,开大油嘴后产量可观。综合上述分析可知,缝网压裂技术在该井的应用是成功的。

1.6 缝内转向案例

根据地质设计要求,对女深 X9 井段 2 323.50 ~ 3 210.00 m 下裸眼封隔器分 6 段进行加砂压裂改造(表 1.2)。该井分 6 段 11 级进行(表 1.3、图 1.12),通过分段压裂改造,提高单井产量;尽量沟通断层、裂缝及孔隙较发育区域,形成多条人工裂缝,提高裂缝导流能力,提高泄气体积,力争沟通裂缝系统,达到增产的目的。采用超级瓜胶延迟胶联压裂液体系,该压裂液携砂性能好、伤害低、破胶彻底、返排速度快。采用 ϕ89 mm 油管泵注,优化排量 3.5 ~ 4.0 m³/min,计算井口施工压力为 45 ~ 60 MPa,采用 105 MPa 井口。基液:0.38% 速溶胍胶 + 0.3% 杀菌剂 + 2% KCl + 0.5% 黏土稳定剂 + 0.057% pH 调节剂 1 + 0.225% pH 调节剂 2 + 0.24% pH 调节剂 3 + 0.5% 助排剂 + 1.0% 破乳剂 + 清水。该井闭合压力为 40 ~ 45 MPa,支撑剂承压在 40 MPa 左右,采用 20/40 目陶粒支撑剂。

表 1.2　女深 X9 井改造分段数据表

序号	段/m	段长/m	滑套位置/m
1	3 210 ~ 3 080	130	3 160 ~ 3 165
2	3 080 ~ 2 910	170	2 995 ~ 3 000
3	2 910 ~ 2 750	160	2 815 ~ 2 820
4	2 750 ~ 2 600	150	2 660 ~ 2 665
5	2 600 ~ 2 450	150	2 528 ~ 2 533
6	2 450 ~ 2 323.5	126.5	2 324 ~ 2 329

表 1.3　压裂分段参数

压裂级序	卡封井段/m	预测起裂位置/m	滑套喷砂器位置/m	裸眼封隔器位置/m	缝间距/m
1	3 210 ~ 3 080	3 140	3 160 ~ 3 165	3 080	—
2	3 080 ~ 2 910	3 048	—	—	92
3		2 958	2 995 ~ 3 000	2 910	90

续表

压裂级序	卡封井段/m	预测起裂位置/m	滑套喷砂器位置/m	裸眼封隔器位置/m	缝间距/m
4	2 910 ~ 2 750	2 873	2 815 – 2 820	—	85
5		2 775	—	2 750	98
6	2 750 ~ 2 600	2 745	—	—	30
7		2 665	2 660 ~ 2 665	2 600	80
8	2 600 ~ 2 450	2 530	2 528 ~ 2 533	—	135
9		2470	—	2 450	60
10	2 450 ~ 2 323.5	2 395	—	—	75
11		2 329	2 324 ~ 2 329	—	66

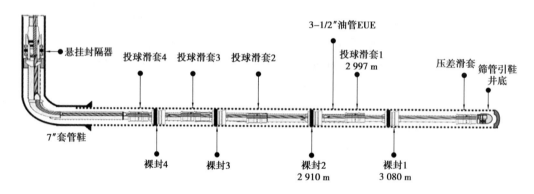

图 1.12　完井压裂管柱及段内多缝示意图

以第二段第二级为例,说明段内多缝的设计。第一条裂缝施工完毕后,投入暂堵剂,在缝口转向,开启第二条裂缝。第二段 3 080 ~ 2 910 m(滑套位置 2 995 ~ 3 000 m)第二级压裂施工,共加入陶粒 15 m³。先小规模加砂 5 m³,尾砂结束后投 50 kg 100-20 目暂堵剂,完成第一次转向。再小规模加砂 5 m³,尾砂结束后投 100 kg 100-20 目暂堵剂,完成第二次转向,然后连续加砂 5 m³。泵注程序见表 1.4。

表 1.4　第二段第二级压裂施工泵注程序(陶粒 15 m³)

序号	工序	液体名称	净液量/m³	阶段砂液量/m³	累计砂液量/m³	排量/(m³·min⁻¹)	砂浓度/(kg·m⁻³)	100-20目暂堵剂/kg	阶段砂量/m³	累计砂量/t	备注
1	前置液 1	冻胶	20	20.0	20.0	3.0		—			—
2	携砂液 1	冻胶	6	6.3	26.3	3.3	120	—	0.5	0.7	20/40目陶粒
3	携砂液 2	冻胶	9	9.6	35.8	3.3	160	—	0.9	2.2	20/40目陶粒

续表

序号	工序	液体名称	净液量 /m³	阶段砂液量 /m³	累计砂液量 /m³	排量 /(m³·min⁻¹)	砂浓度 /(kg·m⁻³)	100-20目暂堵剂 /kg	阶段砂量 /m³	累计砂量 /t	备注
4	携砂液3	冻胶	12	13.0	48.8	3.5	220	—	1.7	4.8	20/40目陶粒
5	携砂液4	冻胶	8	8.9	57.7	3.5	280	—	1.4	7.0	20/40目陶粒
6	携砂液5	冻胶	3	3.4	61.1	3.5	320	—	0.6	8.0	20/40目陶粒
7	前置液1	冻胶	5	5.0	66.1	3.5	—	50	—	8.0	—
8	前置液2	冻胶	20	20.0	86.1	3.5	—	—	—	8.0	—
9	携砂液1	冻胶	6	6.3	92.4	3.5	120	—	0.5	8.7	20/40目陶粒
10	携砂液2	冻胶	9	9.6	101.9	3.5	160	—	0.9	10.2	20/40目陶粒
11	携砂液3	冻胶	12	13.0	114.9	3.5	220	—	1.7	12.8	20/40目陶粒
12	携砂液4	冻胶	8	8.9	123.8	3.5	280	—	1.4	15.0	20/40目陶粒
13	携砂液5	冻胶	3	3.4	127.2	3.5	320	—	0.6	16.0	20/40目陶粒
14	前置液1	冻胶	5	5.0	132.2	3.5	—	100	—	16.0	—
15	前置液2	冻胶	20	20.0	152.2	3.5	—	—	—	16.0	—
16	携砂液1	冻胶	6	6.3	158.4	3.5	120	—	0.5	16.7	20/40目陶粒
17	携砂液2	冻胶	9	9.6	168.0	3.5	160	—	0.9	18.2	20/40目陶粒
18	携砂液3	冻胶	12	13.0	181.0	3.5	220	—	1.7	20.8	20/40目陶粒

续表

序号	工序	液体名称	净液量/m³	阶段砂液量/m³	累计砂液量/m³	排量/(m³·min⁻¹)	砂浓度/(kg·m⁻³)	100-20目暂堵剂/kg	阶段砂量/m³	累计砂量/t	备注
19	携砂液4	冻胶	8	8.9	189.9	3.5	280	—	1.4	23.0	尾追覆膜陶粒
20	携砂液5	冻胶	3	3.4	193.2	3.5	320	—	0.6	24.0	尾追覆膜陶粒
21	顶替液	基液	15.1	15.1	208.4	3.5	—	—	—	—	—
22	合计		199.1	208.4	208.4	—	—	150	15.0	—	—

第**2**章
水力压裂多裂缝研究

2.1　多裂缝概念

多裂缝有 4 种概念:第一种是不同方位的多条裂缝,在井筒内同时或相继生长,相互之间距离较远,然后在压裂过程中更远地进入地层内部的压裂裂缝。第二种是同方位的多条裂缝,在井筒内同时或相继生长,相互之间距离较近,然后在压裂过程中更远地进入地层内部的压裂裂缝,包括在岩石内部同时或相继生长并相互影响的多条裂缝。第三种是大的水力裂缝周围开启的鱼刺状的天然裂缝,这种裂缝可能发展成裂缝延伸沿程,岩体内部的多裂缝。第四种是纵向上在不同层同时生长或相继生长的多条裂缝,称为纵向上的多裂缝。

2.2　多裂缝形成机理

2.2.1　不同方位的破裂压力相差较小

地层的水平地应力相差不大,射孔相位角比较小。当两个水平地应力接近相等或相等时,各个射孔孔眼的破裂压力相差不大,可能产生多个裂缝。

2.2.2　天然张开裂缝或弱面存在时的多个裂缝开启

当天然裂缝或弱胶结面存在时,存在这些薄弱点的射孔孔眼的破裂压力最大可能减小一个抗张强度。在薄弱点存在的情况下,不同方位上的射孔孔眼的破裂压力可能相差不大,多个裂缝容易开启并形成。当射孔孔眼周围正好存在天然裂缝时,在裂缝的开启过程中,同一射孔孔眼周围,多条裂缝可能同时延伸,这样就容易形成多条裂缝。

2.2.3　压裂裂缝与天然裂缝特别发育的区域相交

当压裂裂缝与天然裂缝特别发育的区域相交时,天然裂缝与理想方位的夹角比较小而且能够开启时,就形成地层内部或深处的不同方位的多条裂缝。

当主裂缝相交于微裂隙后,具有与主裂缝中压力相差不大的液体渗于其中。只有当微裂隙中的液体压力大于使裂隙闭合的岩石应力后,裂隙才能张开,此时产生沿途鱼刺状天然裂缝。

采用坐标变化来研究问题,如图2.1、图2.2所示。

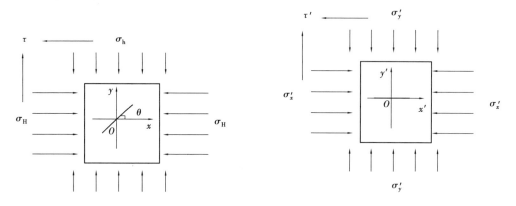

图2.1 坐标变换前裂缝应力图　　　　图2.2 坐标变换后裂缝应力图

当应力分量 x,y,τ 从旧坐标系 Oxy 所在的平面上转角 θ 而变为新坐标系内的应力时,对应的诸分量变为 x',y',τ',应力的变化公式为

$$\begin{cases} x' = \dfrac{x+y}{2} + \dfrac{x-y}{2}\cos 2\theta + \tau \sin 2\theta \\[2mm] y' = \dfrac{x+y}{2} - \dfrac{x-y}{2}\cos 2\theta - \tau \sin 2\theta \\[2mm] \tau' = -\dfrac{x-y}{2}\sin 2\theta + \tau \cos 2\theta \end{cases} \tag{2.1}$$

在实际情况下,$\tau = 0$,$x = \sigma_H$,$y = \sigma_h$,则得

$$\begin{cases} x' = \dfrac{\sigma_H + \sigma_h}{2} + \dfrac{\sigma_H - \sigma_h}{2}\cos 2\theta \\[2mm] y' = \dfrac{\sigma_H + \sigma_h}{2} - \dfrac{\sigma_H - \sigma_h}{2}\cos 2\theta \\[2mm] \tau' = -\dfrac{\sigma_H - \sigma_h}{2}\sin 2\theta \end{cases} \tag{2.2}$$

如果天然裂缝开启,必须满足下列条件

$$P > y' = \dfrac{\sigma_H + \sigma_h}{2} - \dfrac{\sigma_H - \sigma_h}{2}\cos 2\theta \tag{2.3}$$

能够得到以下结论:当天然裂缝的成缝角度与主裂缝的角度偏小时,天然裂缝的开启压力与最小主应力相比,增加幅度不大,换言之,这种类型的天然裂缝容易开启,造成滤失的增加;当天然裂缝的成缝角度与主裂缝的角度增大时,天然裂缝的开启压力增大,不容易开启。当最大、最小主应力的差别增大时,对于同一方位的天然裂缝而言,开启压力增大;当最大、最小地应力的差别减小时,天然裂缝容易开启。

2.2.4 射孔段过大造成多条独立裂缝

大的射孔段或者裸眼井段压裂施工,这种情况允许压裂裂缝从沿井筒的很多不同位置处扩展进入地层,形成多条独立裂缝。

2.2.5 排量偏大

如果地面输送的排量过高,地层总的吸收液体的能力有限,会造成井筒内液体憋压量增加、裂缝内摩擦阻力增加、井底压力升高,引起多裂缝开启。

2.2.6 射孔相位角的影响

当射孔的相位角度比较小时,如果射孔之间的破裂压力相差比较小,则容易引起多裂缝。但射孔方式的影响必须与地应力场的大小、天然微裂缝的发育情形配合起来,才能对多裂缝的影响产生深刻的影响。

2.2.7 井斜角度的影响

水平地应力的大小对比、井筒井斜程度都影响各个小裂缝在同一方位上的连接。在大的地应力差下,容易造成同一纵向上破裂压力相近的各个射孔处起裂的多个小裂缝的相互连接的性能变差。在一般的地应力场下,井斜增大,造成小裂缝的连接性变差。

2.3 多裂缝及裂缝转向的不利影响

多裂缝形成后,对压裂施工及压后生产造成以下不利影响:

①裂缝长度大受影响。对于低渗储层来说,降低表皮的重要措施是加大缝长,显然多条短缝的效果不如单条长缝。形成多裂缝后,难以沟通远处的天然裂缝系统,生产有效期会受到很大影响。

②如果多裂缝与井筒平行层叠,中间位置裂缝由于裂缝间干扰、裂缝不发育,导致较小的泄油面积,产量会很低。此时即使在井筒周围形成多条裂缝,其产量供给范围也仅限于近井筒处,难以获得长期的效果。

③多条裂缝相互干扰,引发砂堵事故。

一般出现多裂缝的储层埋藏较深,裂缝弯曲现象严重,压裂沿程摩阻较高,加上岩性致密、坚硬,流量在多缝间分流,近井的应力集中、裂缝狭窄,造成施工泵压较高。如果不采取合理的工艺措施,一开始就采用较大的砂粒直径与较高的浓度,易引发早期砂堵。引起砂堵后,施工压力攀升,超过设备耐压程度,将不能继续施工,加砂量与改造程度不能达到要求。对于岩性特殊的地层来说,如火山岩,破裂压力梯度、杨氏模量、抗张强度、断裂韧性等均较沉积岩高,裂缝宽度更窄。

通常认为,脱砂发生在裂缝的端部,而且是由远井裂缝狭窄、液体衰竭引起的。实际上,在发生裂缝弯曲转向与多裂缝的情况下,当裂缝通道弯曲、狭窄、流体失去足够的黏度来携带砂粒通过近井区域时,就会发生砂堵。

④多裂缝形成后,将显著增加压裂液向地层滤失,极大地增加了施工的砂堵概率和施工风险,增加了施工成本。有的失败井加砂不足 2 m³ 就出现砂堵。解决多裂缝(无论是天然的还是压裂造成的)压裂施工的易砂堵问题已经成为制约该类储层压裂成败的关键技术。对于裂缝性的地层来说,属于典型的多裂缝高滤失储层,流体遵从孔隙-裂隙双重滤失机制,压裂液滤失较沉积岩严重;天然微裂隙、溶孔微观发育规律性不强,造成压裂液滤失带有明显的不确定性;裂缝性储层介质中已有的天然裂缝和在外力作用下可张开的潜在裂缝的存在,使得在压裂施工中液体的滤失系数呈两个特点:一是滤失系数是动态变化的;二是滤失系数比相同条件下的均质介质大得多,通常是数量级的增加,施工中液体滤失难以估算。同时,岩性致密、坚硬,使压裂裂缝宽度增大受限。这些因素导致在施工过程中砂堵概率明显增大,并且很难预测。如果在施工早期不能解决多裂缝的问题,而使用较大的前置液量,则会带来地层伤害问题。

但多裂缝本身并不一定是坏事,只是出现在同一次压裂过程中的多裂缝不利于加砂。对于水平井来说,多个横向裂缝无疑提高了生产能力。

2.4　多裂缝的诊断

诊断多裂缝的形成,理解裂缝的可能形态与尺寸,认识摩擦阻力形成的主要原因,对成功的施工与压后评估、合理解释压前与压后的净压表现,对地层参数的评估、流体滤失性能、闭合应力的认定等具有重大的意义。

一般来说,从多裂缝的产生机理出发,综合原地应力场、地层应力特性、射孔方式、压裂压力表现等方面的因素,综合进行诊断。本书主要研究根据测试压裂的压力表现,结合压降过程的滤失特性、微地震资料,以及其他信息对多裂缝的发育情况进行诊断的方法。

2.4.1　多裂缝诊断方法综述

首先,有来自测井方面的,如 FMI 测井图片,还有直观的监测手段,如取心样品,或露头观测。在油田开发的早期阶段能够获得有价值资料的其他方法包括中途测试、初始流动测试以及压力恢复和压降测试等。天然裂缝的大量存在是产生多裂缝的物质基础,一般石炭系地层都存在这种特征。

其次,根据多裂缝的起裂原理,测井曲线的解释结果或区块的地应力解释结果,或者是室内的岩心实验结果,当水平地应力相差不大,而且采用的相位角度相差不大时,一般可认定在压裂过程中存在不同方位的多裂缝,虽然在施工压力的大小上表现不出来。当井斜程度比较大或者地层倾斜比较大时,一般需要考虑存在多裂缝的可能。

最后,压裂过程中的异常高压与低砂比砂堵现象,是裂缝发育异常的明显特征。在压裂过程中,注入和压力降落的井筒测试压力数据是认识裂缝、地层特性的有效工具。通常的测试程序包括:①多级速率测试。在一定的时间内,注入速率从 0 开始,每一时间步长增加一定的值,直到最终增加到某一值。不同的测试对应的每步速率增加值及最大值均有不同。然后排量逐级减小。这实际上就是人们通常使用的测试压裂方法。②注入-降落测试。以一定的排量注入一定的时间,然后停泵测试压力降落。③大型压裂的压力变化曲线。

2.4.2　利用升降排量法求解近井阻力

（1）近井阻力大小求解

升高或降低排量的方法是多级速率测试的一种，在施工初期或小型压裂测试中所求解的是近井地带的摩擦阻力，根据阻力的特点可以初步判断阻力的来源。近井的摩擦阻力包括射孔孔眼摩擦阻力、射孔相位不当引起的微环面摩擦阻力、裂缝弯曲转向摩擦阻力、多裂缝引起的摩擦阻力、射孔孔眼的不清洁引起的附加摩擦阻力等。如果近井摩阻较高，裂缝形态复杂，势必给正常施工带来危害，有必要在正式施工前估计一下产层的近井摩阻，给施工设计提供方便。但近井地带产生压降的原因很多，没有一种很好的公式来描述近井摩阻，但可以在小型压裂施工结束后采取降低排量法求解：在小型压裂测试即将结束时，使排量分阶段降低，每一阶段持续 $1 \sim 2$ min，待压力稳定后，排量再降到下个阶段。可求出不同排量下井底压力的改变，即泵入摩阻。

根据研究，射孔摩阻与施工排量的平方成正比。对井眼附近的摩阻，由于在近井筒压力敏感区域层流通过窄的通道，可以粗略地表示为与施工排量的平方根成正比（指数 β 为 $0.25 \sim$ 1，大多数工程应用中取值 0.5），$\Delta p_{\text{near}} = k_{\text{near}} q_i^{\beta}$。根据前面对转向裂缝、多裂缝、微环面内流动阻力的分析，转向裂缝（或多裂缝）、微环面内的流动均可以看成流体在裂缝内的流动，不同的是裂缝宽度、流动速度的变化规律不同，也就是系数 k_{near} 不同。

孔眼摩阻和近井摩阻之和可回归为

$$\Delta P = k_{\text{pf}} Q^2 + k_{\text{near}} Q^{\frac{1}{2}} \tag{2.4}$$

式中　$k_{\text{pf}} Q^2$——孔眼摩阻；

　　　$k_{\text{near}} Q^{\frac{1}{2}}$——近井摩阻。

据此可通过在小型压裂或前置时做变排量测试，并作出不同排量降对应的压降直角坐标关系曲线，由此可判断摩阻趋势并计算出射孔摩阻和井眼附近摩阻。

因井眼附近摩阻与排量成类平方根关系，故总摩阻表现为类平方根曲线形式，代表以井眼附近摩阻为主的图版曲线；而射孔摩阻与排量成平方关系，总摩阻表现为平方曲线形式，代表以射孔摩阻为主的图版曲线。

由降排量测试数据可画出降排量测试图，再由此数据可得到不同排量下、不同系数下的孔眼摩阻以及近井摩阻，从而绘制出近井摩阻图，如图 2.3、图 2.4 所示。

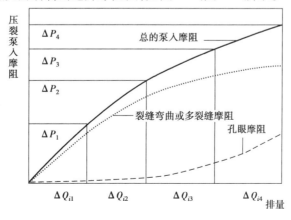

图 2.3　近井摩阻示意图

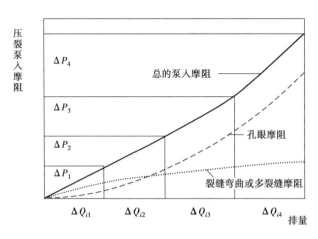

图2.4　近井摩阻示意图

由近井摩阻图可以读出不同排量下的孔眼摩阻和近井摩阻(裂缝弯曲摩阻)。由图2.3可知,总的泵入摩阻与排量表现为平方根关系,从而可以知道裂缝近井摩阻主要表现为裂缝弯曲摩阻,裂缝转向或微环面内有流动,如果斜率很大、曲线陡峭,则可能存在多裂缝。由图2.4可知,泵入摩阻表现为平方曲线形式,裂缝近井摩阻主要表现为射孔摩阻。

当存在多裂缝时,一般情况下,要鉴别出仅仅由裂缝弯曲造成的摩擦阻力或是多裂缝造成的摩擦阻力,或者两者兼而有之,是非常困难的。由于多条裂缝的转向轨迹不一致,而且可能存在分叉裂缝,因此操作起来存在难度,只能定性判断。

(2)阻力等效裂缝条数的诊断

一般情况下,根据裂缝的延伸阻力的大小,可以大致判断多裂缝的条数。但是裂缝的具体发育情况如何,需要结合流体在裂缝内的流动模型、地应力、射孔方式具体判断。本书首先利用等效多裂缝的理论来诊断多裂缝的发育情况,然后结合各种情况对裂缝的发育情况进行初步诊断。

具体思路如下:根据测试压裂的结果,计算近井阻力的大小;计算理想单裂缝的延伸阻力大小;利用等效多裂缝的理论,判断一般等效多裂缝条数的多少。

通常有3个重要参数,即多裂缝数量 M_v、参与滤失的多裂缝数量 M_L、参与竞争宽度的多裂缝数量 M_0。对多个同方位的裂缝,假设3个参数 $M_v = M_L = M_0$,单一裂缝的模拟裂缝净压、裂缝半径、裂缝宽度分别为 σ_n, R, Δ,则多个裂缝净压、裂缝半径、裂缝宽度的变化规律为

$$\sigma_{nM} = \sigma_n M^{\frac{2}{3}}; R_M = RM^{-\frac{2}{9}}; \Delta_M = \Delta M^{-\frac{5}{9}} \tag{2.5}$$

式中　σ_{nM}——多裂缝净压力,MPa;

　　　σ_n——单一裂缝净压力,MPa;

　　　M——多裂缝数量,无因次;

　　　R_M——多裂缝半径,m;

　　　R——单一裂缝半径,m;

　　　Δ_M——多裂缝裂缝宽度,m;

　　　Δ——单一裂缝裂缝宽度,m。

利用上述原理时,首先计算出单个理想裂缝的延伸净压与宽度,然后根据多裂缝与单个裂缝之间的净压关系,得到多裂缝条数与多个裂缝的宽度 Δ_M,而阻力多裂缝的条数与宽度是段

塞颗粒大小选择的重要参考和依据,同时更是加砂压裂时确定适宜支撑剂粒径大小和最佳加砂比的重要依据。

以夏 80 井为例进行说明。夏 80 井的基本情况:预探井,压裂目的层段为 2 256.0 ~ 2 274.0 m,射孔厚度 18.0 m。该段储层岩性以凝灰质砂砾岩和凝灰质粉砂岩为主,储层电阻率为 40 Ω·m 左右,密度为 2.50 ~ 2.56 g/cm³。录井结果显示,孔隙度为 4.48% ~ 5.45%,渗透率为 0.07 ~ 0.71 md,岩心不规则微细裂缝发育,8 ~ 12 条/10 cm。从测井常规曲线上可知储层的物性较差,自然电位异常幅度较小,以裂缝为主要的油气储积空间。

根据该井的测试压裂曲线:在 2.2 m³/min 排量下,孔眼摩阻与近井筒摩阻的总和为 7.3 MPa,其中,近井筒摩阻为 6.48 MPa,孔眼摩阻为 0.82 MPa。根据分析,该井压裂目的层段岩石坚硬,闭合应力大,弹性模量高(9×10⁴ MPa),造成裂缝狭窄,流动阻力增加。尤其是在多裂缝形成的情况下,由于在近井附近裂缝间相互距离很近,相互干扰严重而导致裂缝之间旋转缠绕,裂缝狭窄,流动阻力大,易导致低砂比砂堵。按照等效多裂缝模型,结合裂缝延伸模型,按照单条理想裂缝模型计算压力消耗,与真实裂缝延伸阻力对比,可以得到夏 80 井的等效多裂缝条数与裂缝的等效开度见表 2.1。

表 2.1　裂缝发育的基本判断

特征参数	诊断指标	结论
近井摩阻/MPa	6.48	裂缝形态复杂
停泵压力梯度/(MPa·m⁻¹)	0.017 4	中等偏高
滤失系数	—	基质低滤失
当量裂缝条数	3.9	裂缝复杂

夏 80 井前置液阶段套压异常,显示了多裂缝等复杂裂缝的迹象。停泵曲线表明滤失极低。在测试压裂过程中,共加砂 5 m³,在高砂比时砂堵,吃砂能力弱,与前面关于该井多裂缝的发育判断情形一致。

2.4.3　滤失多裂缝

(1)压降机理分析

在压力降落的过程中,如果仅仅存在一条理想的双翼对称裂缝,压力的下降速度是均匀的,压力的均匀下降主要由液体的均匀滤失引起。但是,压裂过程中可能产生裂缝沿程的鱼刺状裂缝的开启,在压降过程中压力降低,鱼刺状裂缝逐次闭合,引起滤失速率的变化与压降曲线、G 函数曲线的变化。

Palmer 模型的基本假设是:停泵后裂缝仅有缝长方向的一维流动;关井期间初期裂缝仍有一定的延伸;在裂缝闭合期间,缝长和缝高不变,仅有宽度减小;缝高为椭圆分布。当假设滤失系数不变化时:

$$W'_{\max}(t) = \frac{2H_w}{E'}[p_w(t) - S_1]\left\{1 - \frac{2}{\pi}\frac{S_2 - S_1}{p_w(t) - S_1}\left[\cos^{-1}\left(\frac{H_p}{H_w}\right) - \frac{4}{\pi}I\right]\right\} \quad (2.6)$$

其中

$$I = \frac{\pi}{2}\frac{k}{H_w}\frac{H_p}{H_w} + \frac{1}{2}\left(\frac{H_p}{H_w}\right)^2\left[\ln\frac{H_1}{H_w} - \ln k\right] - \frac{1}{4} - \int_0^1 f_e\ln\left(\frac{H_1}{H_w}\sqrt{1 - f_e^2} + f_e K\right)df_e \quad (2.7)$$

$$K = \sqrt{1 - \left(\frac{H_1}{H_w}\right)^2} \qquad (2.8)$$

停泵时刻的裂缝体积为

$$V_c = \frac{\pi}{4} H_w L_p W'_{max}(t_p) \beta_p M \qquad (2.9)$$

$$M = \frac{1.01 H_p}{H_w} + \frac{1}{K} sin^{-1} K \qquad (2.10)$$

$$K = \sqrt{1 - \frac{1.01 H_p}{H_w}} \qquad (2.11)$$

延伸停止后,裂缝的闭合仅受滤失控制,此时缝内的体积平衡为:

$$t - t_p \text{ 时间内裂缝体积减小 = 总滤失量}$$

式中　t_p——停泵时刻;

t——从压裂开始到停泵后的任意时刻;

V_{tp}——停泵时刻的裂缝体积;

V_{t0}——时刻的裂缝体积。

$$V_{tp} - V_{to} = \frac{\pi}{4} H_w L \left[W'_{max}(t_p) - W'_{max}(t_0) \right] \beta_s M$$

$$= \frac{\pi}{2E'} H_w^2 L \left[p_w(t_p) - p_w(t_0) \right] \beta_s M \qquad (2.12)$$

β_p 为停泵后裂缝内的平均压力与井底压力之比,

$$\beta_s = \begin{cases} \dfrac{2n+2}{2n+3+a} & \text{PKN} \\ 0.9 & \text{KGD} \\ \dfrac{3\pi^2}{32} & \text{Penny} \end{cases} \qquad (2.13)$$

从另外一个角度来考虑裂缝的滤失问题,主要考虑滤失的计算。设 λ 为单位缝长上的滤失量,则

$$\lambda = \frac{2CH_p}{\sqrt{t - \tau(x)}} \qquad (2.14)$$

将 x 从 0 到缝长 L 积分,有

$$V_L = \int_0^L \lambda dx = \int_0^L \frac{2CH_p}{\sqrt{t - \tau(x)}} dx = \frac{2CH_p L}{\sqrt{t_p}} f(t) \qquad (2.15)$$

其中

$$f(t) = \frac{\sqrt{t_p}}{L} \int_0^L \frac{dx}{\sqrt{t - \tau(x)}} \qquad (2.16)$$

式中　$C(t)$——与时间有关的总的滤失系数,$m/\sqrt{min}$;

t——以开始压裂时刻为起点的时间,min;

t_p——泵注时间,即施工时间,min。

当滤失比较大时

$$x(t) = L \left(\frac{t(x)}{t_p}\right)^{\frac{1}{2}} \text{ 或者 } t(x) = t_p \left(\frac{x}{L}\right)^2 \qquad (2.17)$$

当滤失比较小时

$$x(t) = L\left(\frac{t(x)}{t_p}\right) \text{或者} t(x) = t_p\left(\frac{x}{L}\right) \tag{2.18}$$

将低滤失与高滤失的情况分别代入函数,得到时间函数 $f(t)$ 的上下限。$f(t)$ 的上限值为

$$f_1\left(\frac{\Delta t}{t_p}\right) = 2\left(\sqrt{1 + \frac{\Delta t}{t_p}} - \sqrt{\frac{\Delta t}{t_p}}\right) \tag{2.19}$$

$f(t)$ 的下限值为

$$f_2\left(\frac{\Delta t}{t_p}\right) = \arcsin\left(1 + \frac{\Delta t}{t_p}\right) - \frac{1}{2} \tag{2.20}$$

将 $V_L = \int_0^L \lambda \, dx = \int_0^L \frac{2CH_p}{\sqrt{t - \tau(x)}} dx = \frac{2CH_p L}{\sqrt{t_p}} f(t)$ 在 δ_p 到 δ 上积分,可以得到在这一段时间内的滤失量为

$$V_f = \frac{2CH_p L}{\sqrt{t_p}} \int_{\delta_p}^{\delta} f(t) \, d\delta \tag{2.21}$$

根据式(2.15)与式(2.21)得

$$\frac{\pi}{2E'} H_w^2 L\left[p_w(t_p) - p_w(t)\right] \beta_s M = \frac{2CH_p L}{\sqrt{t_p}} \int_{\delta_p}^{\delta} f(t) \, d\delta \tag{2.22}$$

$$\left[p_w(t_p) - p_w(t)\right] = \frac{4}{\pi} \frac{ECH_p}{H_w^2 \beta_s M \sqrt{t_p}} \int_{\delta_p}^{\delta} f(t) \, d\delta \tag{2.23}$$

$$\left[p_w(t_p) - p_w(t)\right] = \frac{ECH_p \sqrt{t_p}}{H_w^2 \beta_s M} G(\delta, \delta_p) \tag{2.24}$$

$$G(\delta, \delta_p) = \frac{4}{\pi t_p} \int_{t_p}^{t} f(t) \, dt = \frac{4}{\pi}\left[g(\delta) - g(\delta_p)\right] \tag{2.25}$$

$$\Delta P(\delta, \delta_p) = \left[p_w(t_p) - p_w(t)\right] \tag{2.26}$$

$$g(\delta) = \begin{cases} \frac{4}{3}\left[(1+\delta)^{\frac{3}{2}} - \delta^{\frac{3}{2}} - 1\right] & \text{高效率} \\ (1+\delta)\sin^{-1}(1+\delta)^{-\frac{1}{2}} + \delta^{\frac{1}{2}} & \text{低效率} \end{cases} \tag{2.27}$$

$$\delta = \frac{t}{t_p} \tag{2.28}$$

$$\frac{dP}{dG} = P^* = \frac{p_w(t_p) - p_w(t)}{G(\delta, \delta_p)} = \frac{ECH_p \sqrt{t_p}}{H_w^2 \beta_s M} \tag{2.29}$$

(2)考虑压力影响的 G 函数方法

天然裂缝对压裂液的滤失影响较大,裂缝性油气藏的滤失系数应与压力有关,这是因为在水力压裂过程中,储层岩石在高压下形成水力裂缝的同时,储层中的天然裂缝或裂隙在高压下也被压开,从而在主水力裂缝周围增加裂缝束。而且,随着压差的增加,天然裂缝的开启程度增加,同样导致了滤失程度的增加。

滤失系数是压力差的函数,其形式为

$$\frac{C(t)}{C(t_p)} = \left[\frac{P(t) - P_c}{P(t_p) - P_c}\right]^{\alpha_{cp}} \tag{2.30}$$

式中　t_p——泵注时间点,min;

P_c——储层压力，MPa；

α_{cp}——滤失强度系数，无因次。

根据前面的研究，拟合压力与裂缝的滤失系数有关，给定一个拟合压力，就能够求出一个滤失系数。实际上，在压力下降的过程中，拟合压力的变化范围很大，反映了天然裂缝是逐渐闭合的，对裂缝内压力的下降速度产生了重要的影响。

将式(2.29)进行变化得到

$$C = P^* \frac{H_w^2 \beta_s M}{EH_p \sqrt{t_p}} \tag{2.31}$$

由于拟合压力是变化的，$P^* = f(G)$，因此

$$C = \frac{H_w^2 \beta_s M}{EH_p \sqrt{t_p}} f(G) \tag{2.32}$$

在关井闭合过程中，$f(G)$是变化的，在此过程中裂缝的滤失系数也是变化的。由于压后的压降过程可以反映储层及裂缝的基本情况，考察从关井到裂缝闭合这一过程，取$f(G)$在关井时刻到裂缝闭合时刻的几何平均数

$$\overline{P^*} = \overline{f(G)} = \frac{1}{G_c} \int_0^{G_c} f(G) \, \mathrm{d}G \tag{2.33}$$

此时，考虑天然裂缝开启所得到的滤失系数为

$$\overline{C} = \frac{H_w^2 \beta_s M}{EH_p \sqrt{t_p}} \overline{f(G)} \tag{2.34}$$

(3)滤失多裂缝计算

按照与压力有关的滤失系数模型来解释裂缝的滤失系数，此时滤失的异常增加也可以用等效滤失裂缝条数来表示。如果解释出来的滤失系数比较大，由于岩石基质本身的滤失系数比较小(在通常的压差、基质的孔隙度、压裂液黏度、造壁滤失性能，对于火山岩而言，一般可取$4 \times 10^{-4} \mathrm{m/min}^{\frac{1}{2}}$作为基本的滤失系数)，等效滤失裂缝条数的大小是根据实际滤失系数的大小与这个值相比较得到的。这个裂缝条数可供采用段塞封堵滤失时的段塞量的参考。

如果计算的滤失系数比较大，压降曲线、G函数曲线呈现压力依赖的特征，则可以基本判断地层中存在多裂缝的滤失异常，可以认为在裂缝壁面上的小裂缝有开启现象，或者在不同的射孔方位有开启裂缝。

在滤失增加的情况下，近井阻力并不一定异常，这是多裂缝地层的一种特殊现象，即存在多裂缝并不导致压力异常，只是引起滤失的异常。

(4)G函数曲线分析与闭合应力大小的确定

G函数曲线的斜率大小反映了滤失系数的大小。当裂缝闭合以后，滤失规律发生变化，G函数的斜率也发生变化，可以根据测试压裂的曲线作出G函数的斜率曲线来判断裂缝的闭合点。为了进一步利用数据，增加曲线的可观察性，利用复合的G函数曲线，即在G函数的斜率的基础上，再乘一个G，形成"叠加"导数。

$$\frac{\mathrm{d}P}{\mathrm{d}G} G = \frac{ECH_p \sqrt{t_p}}{H_w^2 \beta_s M} G \tag{2.35}$$

G函数导数分析的目标是识别滤失类型和裂缝闭合应力。一般来说，用G函数导数分析来确定其滤失机理，G函数导数分析需要包括井底压力、压力导数($\mathrm{d}P/\mathrm{d}G$)和叠加导数($G\mathrm{d}P/$

dG)对 G 函数变化的曲线图,使用该导数和叠加导数的曲线特征形态来识别滤失类型。

在标准的滤失阶段,当曲线向下偏离时,通过添加一条参考直线,该叠加导数给出了水力压裂裂缝闭合的标记。用 G 函数导数对 4 个通用的滤失类型进行说明和解释。

①标准滤失特性。当停泵期间裂缝面积为常数并且滤失通过的是单一的岩体,采用 G 函数导数分析,当压力导数为常量并且叠加导数曲线位于一条通过原点的直线上时为标准滤失。当叠加导数曲线从该直线向下的偏离时认为裂缝闭合,此时压力导数出现变化,如图 2.5、图 2.6 所示。

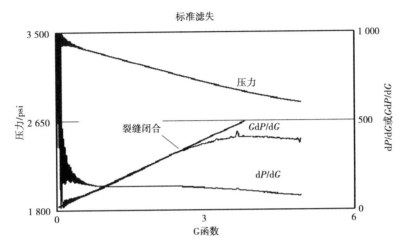

图 2.5　标准滤失特性的 G 函数导数曲线实例

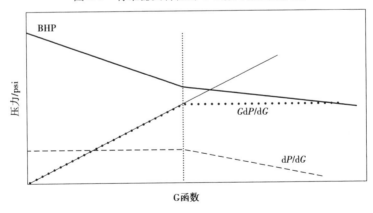

图 2.6　标准滤失特性的 G 函数导数分析曲线

②随压力变化的滤失。从放大的裂缝、裂纹中,通过在该叠加导数曲线的"隆起"部分插入一条上述的标准滤失数据直线来表明随压力变化的滤失。在该隆起的末尾,该叠加导数曲线与外插拟合直线汇合时的压力被认定为是裂缝的张开压力。当该叠加导数曲线(GdP/dG)从外插的直线向下偏离时为裂缝闭合,对应的压力为裂缝闭合压力,在裂缝闭合以前的阶段通常认定为标准滤失特性,如图 2.7、图 2.8 所示。

③裂缝高度衰退。按照 G 函数导数分析,当该叠加导数曲线低于外插的标准滤失数据直线时象征在停泵期间裂缝高度衰退。凹面向下的压力曲线和增加压力导数也可表明裂缝高度衰退。当叠加导数曲线从该直线向下偏离时,水力压裂裂缝闭合,如图 2.9、图 2.10 所示。

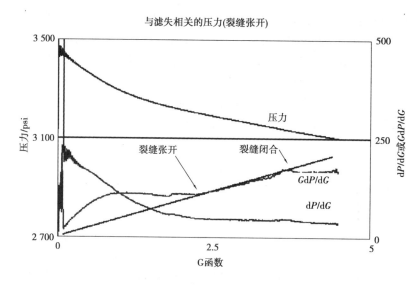

图2.7　G函数导数分析曲线说明随压力变化的滤失特性的实例

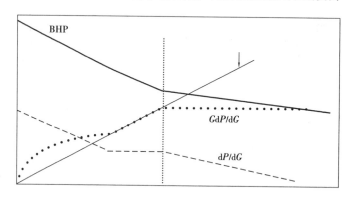

图2.8　G函数导数分析曲线说明随压力变化的滤失特性的实例

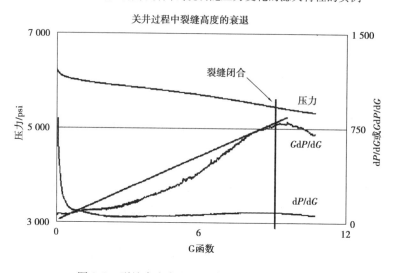

图2.9　裂缝高度衰退G函数导数分析曲线实例

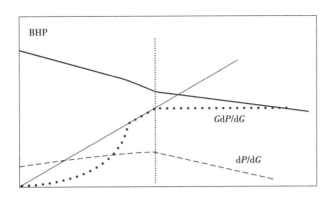

图 2.10　裂缝高度衰退 G 函数导数分析曲线

④裂缝尖端扩展。当该叠加导数曲线平行于原点上面的外推直线时说明,在泵注停止之后裂缝继续延伸,即裂缝尖端扩展,如图 2.11、图 2.12 所示。

裂缝端部的扩展

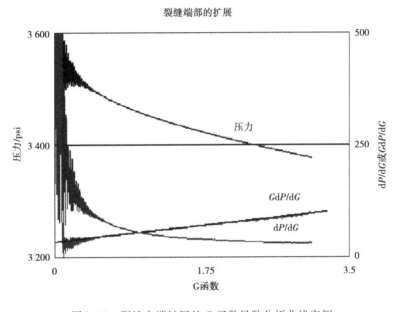

图 2.11　裂缝尖端扩展的 G 函数导数分析曲线实例

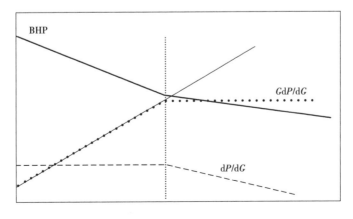

图 2.12　裂缝尖端扩展的 G 函数导数分析曲线

（5）其他参数计算

压裂液效率为停泵时刻裂缝体积与总注入体积之比，即

$$\eta = \frac{V_c(t_0)}{\left(\dfrac{Q}{2}\right)t_0} \qquad (2.36)$$

式中 $V_f(t_p)$——泵注结束时的裂缝体积，m^3。

$$V_c = \frac{\pi}{4}H_w L_p W'_{max}(t_p)\beta_p M \qquad (2.37)$$

其中

$$M = \frac{1.01H_L}{H_w} + \frac{1}{K}\sin^{-1}K \qquad (2.38)$$

$$K = \sqrt{1 - \frac{1.01H_1}{H_w}} \qquad (2.39)$$

2.4.4 压力测试判断多裂缝

以不同的排量增加速度进行小型测试，当有新的裂缝开启时，井底压力的增加速度便会减缓。根据转折点对应的压力，可以判断新裂缝的起裂。如图 2.13 所示，新裂缝启动压力分别为 13.4 MPa 与 15.075 MPa，在压力大于 15.075 MPa 时，两条裂缝保持开启与传播状态。在加砂作业的过程中，可能伴随新裂缝的开启与传播。这种方法往往观测到的是不同方位多裂缝的开启。

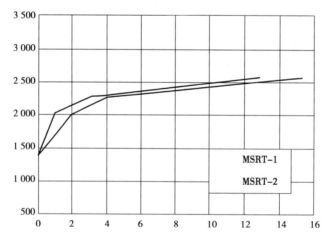

图 2.13 多级速率测试判断裂缝的开启

2.4.5 微地震技术监测多裂缝

地面微地震波法测试裂缝方位的原理是在水力压裂（注水）过程中，地层破裂或裂缝延伸扩张产生的微地震波，在地层中以球面波的形式向四周传播，水平传播一定距离后遇到套管，沿套管传播到地面，检测装置接收到信号通过转换、放大后进行处理，即在监测井上求出原点相对位置，进而得到压裂裂缝的长度和走向。

现场实施监测 DW164 井,监测情况如图 2.14—图 2.17 所示。

①压裂进行 10 min 时,监测到 N51°W、N61°E 两条裂缝,两条裂缝的长度分别约为 40 m、20 m,压裂过程中没有出现明显的破裂压力(图 2.14)。

②压裂进行 35 min、压力为 13.5 MPa(加砂),压裂产生的裂缝条数没有增加,N51°W 的裂缝延伸比较明显,N61°E 裂缝不再延伸,表明加砂后该裂缝进液减少。此时 N51°W、N61°E 两条裂缝延伸长度分别约为 70 m、15 m(图 2.15)。

③压裂进行 55 min、压力为 13.5 MPa 时(加砂),监测到的裂缝条数没有变化,N51°W 延伸比较明显,N61°E 延伸不明显,此时 N51°W、N61°E 裂缝的延伸长度约为 90 m、20 m(图 2.16)。

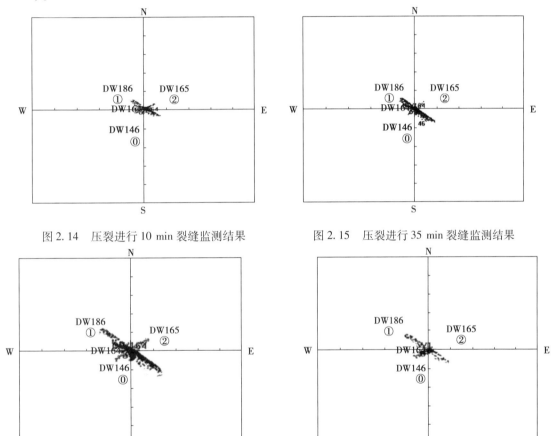

图 2.14　压裂进行 10 min 裂缝监测结果　　　　图 2.15　压裂进行 35 min 裂缝监测结果

图 2.16　压裂进行 55 min 裂缝监测结果　　　　图 2.17　压裂结束后裂缝监测结果

④压裂结束后,对裂缝的闭合情况进行监测,N61°E 裂缝闭合震动比较明显,北西向的裂缝闭合震动信号比较弱(图 2.17)。

压裂时没有明显的破裂压力出现,表明地层中存在天然裂缝(或构造薄弱面)。在逆断裂的形成过程中,在断裂的附近往往伴生有与断裂平行的张剪性裂缝、与断裂斜交的共轭剪切裂缝、与断裂近似垂直的共轭剪切裂缝,但是在断裂的不同部位可能只有一组裂缝比较发育。压裂过程中监测到的 N51°W 裂缝与沥青村断裂的走向近似垂直,该裂缝可能就是断裂形成时伴随产生的剪切裂缝(或构造薄弱面)。北东向的裂缝与断裂走向近似平行,压裂缝过程中裂缝延伸长度较小,尤其是加砂后,裂缝基本不再延伸。

可见,根据微地震资料可以比较直观地判断压裂过程中裂缝的走向以及条数。

微地震资料不能够反映同方向阻力多裂缝的发育情况与滤失多裂缝的发育情况,只能在一定程度上反映裂缝高度与不同方位裂缝的发育情况。

2.5 诊断案例

2.5.1 克 305 井诊断

绿灰色凝灰质砂砾岩,产层 3 200 ~ 3 209 m。由测井曲线看,射孔目的层内岩石密度较高,从岩石力学参数曲线看,射孔目的层内部应力比较平均,并且目的层上下的应力都较低,没有较好的遮挡层,闭合应力 49.9 MPa。该井进行了测试压裂。该井的前置液比例为 39%,偏小。只加入了 28 m³,设计 45 m³。根据软件解释,平均拟合压力大小为 3.329 MPa,常规解释结果为 2.12 MPa,增大了 1.5 倍,滤失多裂缝为 3.9 条,属于高滤失,可见前置液量偏少是加砂未完成的主要原因。

2.5.2 金龙 4 井诊断

措施目的层段:3 707.0 ~ 3 718.0 m,没有明显的遮挡层。测试压裂分析表明,盐水作介质时效率 19.5%,滤失多裂缝 2.9 条;压裂液作介质时滤失效率 21.56%,滤失多裂缝 4.1 条。一般来说,盐水的效率要低于压裂液,但该井的压裂液滤失甚至比盐水还严重,一方面反映了该井在注入压裂液时可能造成了更大的天然裂缝的开启;另一方面反映了多裂缝地层主要是靠裂缝的开启来造成更大的滤失,与滤饼的形成关系较小。该井设计前置液比例 42%,加砂总量设计 55 m³,实际加砂不到 30 m³。

2.5.3 彩深 1 井诊断

措施目的层段:C2b:3 534 ~ 3 541 m,3 550 ~ 3 555 m,没有明显的遮挡层。测试压裂分析表明,盐水作介质时效率 28%,滤失多裂缝 2.2 条;压裂液作介质时滤失效率 26%,滤失多裂缝 2.2 条。总体上滤失不算太大。该井设计前置液比例 50%,加砂总量设计 65 m³,实际加砂 65 m³。

2.6 多裂缝的削减

在天然裂缝发育的地层,多裂缝的产生不可避免;在均质地层,对不同的地应力状况和井况,不能完全避免出现多裂缝的状况。对上述两种情况,应采用合理的完井措施,采用合理的施工参数来避免或减少多裂缝,以顺利施工,完成加砂,形成较长的主缝。

从上述意义上来说,如何减少裂缝的条数比准确知道多裂缝的条数更有实际的工程意义,因为并不是所有开启的裂缝都在地层中获得较大的延伸,在采取一定的工艺技术以后,部分裂缝已经早期砂堵而不再延伸。采用适当的工艺手段可以减少裂缝的条数,首先被减掉的是那些近井地带闭合应力大,转向轨迹复杂的裂缝。

2.6.1　对地层的准确认识

应采用多种手段认识岩石性质、地应力大小及方位、微裂缝发育状况,以及地层的弹性参数。微裂缝的发育情况直接决定多裂缝的开启情况,地应力的方位在定向射孔工艺中起着关键作用,这些参数都需要准确地确定。例如,常规地应力解释方法是利用气层纵横波速资料计算出储层段的地应力分布,纵横波的不同反映主要反映岩石骨架的影响,在砂岩中是较为准确的,但对火山岩,由于储层存在微裂缝影响,易造成骨架波速假象,影响地应力解释精度,往往解释精度误差较大部位正是需要压裂改造的主力储层,针对以往压裂过的深井,通过压裂时采集的井下压力,开展微裂缝与岩性对解释地应力影响的分析及校正方法探索研究,并在应用中见到了较好的效果。

2.6.2　合理的完井措施

完井方式主要涉及井身结构(井斜与方位)、射孔方式(螺旋射孔、定向射孔)、射孔对周围地层的影响(微环面的存在问题)、射孔方位的选择等。

(1)完井段斜度选择

直井的破裂压力低,有利于连接。斜度增大,破裂压力增大,裂缝连接总体上比较困难,井底呈现多条裂缝同时延伸的态势,即使最后连接,井底缝口网状的态势也导致裂缝缝口较窄,增加了加砂的难度。如果不能连接,则造成多裂缝格局,对施工造成巨大的困难。井斜大于15°就会产生多裂缝等复杂情况。斜井的近井裂缝扭曲、变窄对产能有较大的影响,尤其对较高渗透率地层,最好选择 S 形井眼,使井眼垂直钻进地层。通过实验发现,当井斜角度较小时,起裂各裂缝连接成一个大裂缝,当井斜角度增加,裂缝可能不会连接。在可能的情况下,直井是最优的选择。

(2)阻止较大微环面的形成

固井质量要合格,射孔方式、工艺不能对岩石-套管环形空间造成较大的冲击。形成较大的微环面以后,可能破裂压力有所下降,但随后的加砂压裂时,较窄的流动通道可能造成砂堵。

(3)合理的射孔位置

在井斜状况无法改变、地应力状况确定的情况下,射孔方案对裂缝的形态起着一定的决定性作用,尤其对均质无天然微裂缝地层,对有天然裂缝的地层也有巨大的作用。制约选择的主要因素包括破裂压力大小、转向角度、连接的容易程度。

在一般的应力场和井斜(小于30°)情况下,当射孔位置靠近理想平面方位时,不仅破裂压力小,转向角度小,而且有利于裂缝的连接,有利于连接的角度范围比较大。在水平地应力相等或接近相等的情况下,各个地方的破裂压力相差不大,此时要靠近理想平面射孔以利于连接,减小裂缝的转向角度。

通过大量实验发现,当起裂方位与最大主应力的夹角达到30°时,多裂缝问题有时并不严重。当井斜小于30°时,在任何方位起裂的裂缝都可以很快连接,形成一条单一裂缝。

(4)合理的射孔方式

如果能够确定地应力场等资料的可靠性,在确定射孔方位后,采用定向射孔则是最优的射孔选择。特别是水平地应力接近相等的情况下,各个方位的小裂缝容易连接,而且破裂压力、裂缝轨迹均一致,此时更需要定向射孔来限定裂缝的延伸方位。但是,如果定向射孔工艺不成熟或地应力场确定不准的话,则在不同的应力场下,可能造成较大的转向裂缝。从目前来看,即使找到了比较合理的射孔方位,准确定位真实射孔位置也存在困难。

在定向射孔方式无法成功实施的情况下,可采用相位角度较小的螺旋射孔方式。目前普遍采用的射孔方式是有一定夹角的螺旋射孔方式,一般采用60°螺旋射孔。接近理想方位的定向射孔可以减小扭曲与近井的脱砂,如果不能实施定向射孔作业,则60°相位角度是较好的选择。在这种方式下,通过自然选择起裂的方位可能与理想方位最大相差30°。针对不同的射孔方案,减小射孔间距有利于连接,这就意味着要加大孔密。射孔孔径的选择,应以减小射孔孔眼的摩擦阻力为目标,一般采用大孔径射孔以减缓砂粒的堵塞作用。

(5)射孔层段厚度的选择

对斜井,有的文献建议减小射孔层段的厚度以减小多裂缝出现的概率,如在井斜角度增大以后,采用3.3 m的射孔段长度;对井斜角度大于75°的井,射孔长度应小于1 m,射孔相位角度要小,孔密增大,以造成单裂缝延伸的局面。

2.6.3 施工参数、流体参数的选择

一方面,增加流量,在井底泄压不畅的情况下,有可能造成井底压力的升高,进而压开破裂压力更高的裂缝,造成多裂缝的格局。

另一方面,增加排量,从而增加井底的压力,较高的井底压力可以促进井底附近各裂缝的连接,压力越高越有利于连接,提高流量可以使转向裂缝的转向半径增大,而转向半径增大可以增加裂缝壁面的光滑程度,减小沿程的压力损失,减小流动阻力与压力消耗,从而降低井底压力与施工压力。当然,增加排量、增大井底压力可以增大裂缝条数既定条件下的裂缝宽度,有利于砂粒顺利进入地层深处。

现场技术人员建议早期采用适当低的排量(大排量易在井筒瞬间憋起高压,易出现多裂缝形态)。在确定更高的井底压力不能压开更裂缝的情况下,如天然裂缝不太发育,或定向射孔,或者是螺旋射孔的不同方位上,起裂压力相差比较大,此时可以采用较大的排量以获取较大的缝宽、较好的连接及较大的转向半径,同时,高的排量有利于携带支撑剂通过近井区域。

增大流体黏度,在裂缝条数较少时增加了流动压力;在裂缝条数较多时能够起到减少裂缝条数,增加裂缝宽度,减少弯曲摩擦阻力的重要作用。具体来说,增加流体黏度,可以帮助携砂,近井裂缝壁面的粗糙可能使流体发生剪切稀释,失去部分黏度,而高的黏度可以弥补这部分损失。在裂缝条数较少时,如只有一条转向裂缝存在时,高的黏度使近井压力适当增加,使裂缝转向半径增大,过渡平缓,减小摩擦阻力。当存在多裂缝时,黏性流体不易在各个裂缝之间分流,只容易流进阻力小,闭合应力小,裂缝宽度较宽的裂缝。最终的结果是减少了裂缝条数,减小了近井摩擦阻力,增加了裂缝宽度,增加了加砂量,减缓了施工压力的增加。在起裂初期就泵入井内,当黏性段塞到达井底以后,关井10~15 min,可以使黏性段塞加浓,重新开泵后泵速不要超过管柱的承压能力。如图2.18、图2.19所示为使用黏性段塞降低施工压力的效果图。

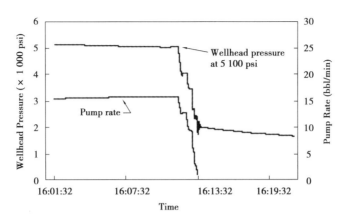

图 2.18　使用黏性段塞前压力与泵速关系

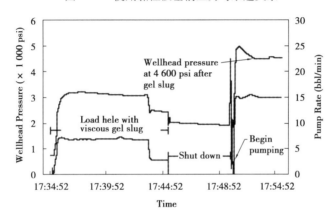

图 2.19　使用黏性段塞后井口压力与泵速关系（B. W. McDaniel）

2.6.4　多级支撑剂段塞技术降滤防堵

多级支撑剂段塞技术也可称为变砂比的段塞式"砂团"充填技术。理论与实践已经表明，大多数低渗油气藏储层都发育不同程度的天然裂缝，或是射孔、井况、地应力配置的不适当，在施工作业中容易诱发近井多裂缝。这显著增加压裂液向地层滤失，极大地增加了施工的砂堵概率和施工风险。前面的理论分析与模拟分析表明，流量分流及各裂缝闭合应力的不同，使各裂缝的缝口宽度可能各不相同。解决该问题的主要思路是堵着缝宽较窄、闭合应力较大、转向道路曲折的各个小缝，从而减小滤失面积，将注入总流量集中在少数乃至一条裂缝中，拓宽其裂缝宽度，增加其裂缝长度，减小滤失，减小砂堵机会，增加加砂量。

针对前期压裂由多裂缝而导致低砂比阶段易砂堵的特点，压裂设计要充分考虑不同井区天然裂缝类型及分布特征，裂缝宽度的变化规律，并采用与储层相适应的压裂工艺技术以提高压裂施工成功率。具体来说，如果砂比不按照由小到大的程序进行，如一开始就采用较大的砂比，较大的砂粒，则会产生如图 2.20 所示下面一种情况，裂缝全部在缝口附近堵死。但是如果采用常规的加入低砂比粉陶进行全程充填，尽管对多支缝都起到了一定的堵塞作用，但却不能完全堵塞，仍然无法确保主裂缝的有效延伸，此时仍存在多裂缝的同时延伸，效果仍很差，如图 2.20 所示中最上面一种情况。理想的工艺过程是，采用在前置液中加入变砂比的段塞式"砂团"充填技术,依次堵住不同缝宽的多支缝,以形成具有一定缝宽的主裂缝,保证施工的成功。一开始采用低砂比,小粒径,先封堵较窄的裂缝,随着压裂的进行,井底压力逐渐增加,各缝宽逐渐增加,此时可采用逐渐增大的砂粒,适当增加的砂比。随着主裂缝的形成、缝宽的加大,以及缝口附近滤失速度的减小,可以采用更大的砂粒粒径及砂比,整个加砂过程比较顺利,如图2.20所示中间一种情况。实际上,随着井底压力的增加,先前已经砂堵的裂缝有裂缝宽度继续增大的可能,也就是裂缝重新开启的可能,此时增大的砂粒粒径可以将该裂缝再次砂堵,同时在闭合应力较大、缝内已经存在堵塞砂粒的情况下,能够提供的流动通道有限,分流量较小,该部分裂缝的滤失有限,实际处于封堵状态。随着井底压力的增大,新的裂缝可能开启,这些裂缝的开启压力大,闭合应力同时增大,裂缝较窄,如果要封堵这些裂缝,同样需要较小的砂粒粒径。在增加砂比与粒径的同时,应该少量掺杂一些低粒径的支撑剂颗粒,即细陶的应用应贯穿加砂过程的始终。

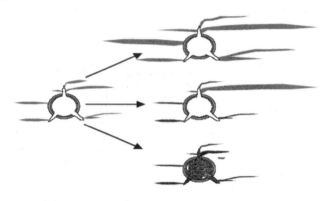

图2.20　支撑剂段塞对多裂缝的堵塞示意图

容易砂堵的裂缝宽度较窄的裂缝正是需要首先封堵的对象,随着压裂的进行与小裂缝的封堵,未封堵裂缝的宽度越来越宽,压裂液中砂粒的粒径应该逐渐增大。随着主裂缝的形成、滤失情况的好转,砂比可逐次提高,以获得更大的支撑缝宽与更好的导流能力。如果随着井底压力的增高,已经砂堵的裂缝被重新压开,则不断增加的砂粒直径也会将该裂缝再次砂堵。多数情况下使用小于100目的粒径,但40/70目的粒径也获得了成功,有些人发现采用与主压裂相同大小的支撑剂粒径效果很好。与采用段塞配合的工艺措施是加入段塞后,等到10% ~20%的段塞在射孔内时,关井后再恢复泵入,此时率先开启的是闭合应力小而接近理想方位的裂缝,这些裂缝也较宽,能够获得有效的支撑和更高的吸液量,此时所要求的粒径应适当加大,40/70目的粒径是推荐的最小粒径。但是,关井再开井的工艺显然加大了施工时间,也增加了关井时间段内的滤失。这种关井-恢复泵入的措施在国内应用较少。

通常采用的降滤、封堵剂包括组合陶粒、粉砂、油溶性封堵剂、乳液降滤失剂、胶塞。

粉砂降滤是指低砂比(一般在10%左右)分段加入100目粉砂,其成本低,压裂成功率高,缺点是容易返吐,致使油井卡泵和双失灵井次增多。粉陶相对于粉砂的优点是破碎率较低、颗粒比重大和粒径更加均匀,充填在天然裂缝内部被压实,施工后减少了随地层流体返排的情况发生,从而避免了卡泵和双失灵井次的维护性作业;缺点是粉陶降滤成本略高,其单体颗粒密度大,沉降速率大,在储层厚度大的情况下,无法堵塞储层上部的天然裂缝,同时堵塞天然裂缝降低了储层渗透率,对增产效果存在一定的影响。

组合陶粒降滤技术是在施工过程中的不同阶段加入不同粒径的陶粒，分别填充在不同宽度的人工裂缝内部，既起到了降滤的目的，也达到合理支撑的目的。较大粒径的颗粒也可打磨与主裂缝连通的窄的拐弯处，使裂缝通道更光滑，流动阻力减小，这是段塞的另外一个作用。

该项技术的优点：一是粉陶首先进入压裂时形成的微细裂缝或被压开的地层本身微裂缝中，有效地阻止压裂液滤失进去，提高液体效率，保证造缝效果，降低前置液用量，从而减少入井液总量，降低压裂液对储层的伤害。二是地层破裂时产生的细裂缝可以得到粉陶的有效支撑成为较高导流能力的天然气通道，提高增产效果和有效期。施工结束裂缝闭合后又能起到有效支撑微裂缝的作用，成为沟通地层和人工主裂缝的油流通道，提高储层导流能力，支撑的微裂缝有助于提高压裂增产效果。三是中陶可封堵部分缝宽比较宽的裂缝，从而减小滤失，主要进入主缝中，提高主缝的导流能力。四是粗陶填充在井眼附近，压后立即放喷返排，粗陶像一个筛网一样阻止中陶返出，而且还保证了缝口的导流能力。

采用粉陶、中陶、粗陶多种支撑剂组合可以支撑微裂缝、避免压后出砂、避免粉陶反吐卡泵，同时提高裂缝导流能力。压裂成功率高，增产效果好，但是存在现场组织实施难度大的问题。通常用 100 目粉陶作为前缘，然后加入 20/40 目的主体支撑陶粒，最后高砂比尾追 12~20 目陶粒，尾追砂比有时可高达 80%，当裂缝闭合后，粗陶就被固定在裂缝中。对高应力的碳酸盐岩储层，最大颗粒为 40/60 目，合理大小由地层应力情况确定。结合 FracproPT 三维压裂软件精细计算，基本加砂程序为 5%→10%→15%→20%→25%→30%→35%→40%→45%→50%→55%→60%，砂液比浓度由 5% 逐渐增加到 60%，加砂梯度为 5%，实现线性加砂，减少压力波动，使施工压力更加平稳，同时支撑剂的充填也更加饱满，支撑剂的铺置浓度更加合理。中国石油勘探开发研究院廊坊分院提出并采用了以压力来调整排量，泵注程序以低起点、小台阶、多步、控制最高砂液比等针对性措施，在多缝性碳酸盐岩储层加砂成功。

采用油溶性降滤失剂的压裂工艺技术的基本原理是，以多种油溶性材料为原料，按一定比例、一定顺序混合，在一定条件下经磺化处理聚合而成。再经过特定生产工艺，制成特定粒径的颗粒。通过表面活性剂处理使油溶性颗粒表面产生适当的极性，使颗粒能均匀、稳定地分散于水中。以水基前置液为载体将颗粒携带至人工裂缝中，并实现对裂缝的暂堵，施工后降滤失剂溶解返排。降滤失剂应满足的要求：与工作液无明显的化学反应；优良的耐温性能；便于加工和处理；水不溶而油溶；具有足够的堵塞强度；有合适的软化温度；正常使用浓度 0.5%~1%（体积比）。大情字井油田在 2002 年以后常用的降滤压裂技术主要为段塞降滤、粉陶压裂；2004 年推广了组合陶粒压裂和实验了 100 目油溶性降滤失剂压裂。几年来应用降滤压裂工艺技术施工在 800 口井以上，压裂一次成功率由不足 60% 提高到目前的 95% 左右，而且压后增产效果明显。

乳液降滤失剂是利用表面活性剂将烃类物质与压裂液在注入过程中混配成油水乳状液，起到暂时封堵油层裂隙，防止液体滤失的作用。施工结束后，在地层温度下，这种不稳定的乳状液破乳，返排出地层。一般不单独使用乳液降滤失剂，而是将其与粉砂或油溶性降滤失剂一起配合使用，其效果好于分别单独使用其中的某一种降滤失剂。

对于严格同方位的多裂缝而言，粉陶、粉砂降滤不起作用，因为各裂缝宽度一致，不会出现较窄的裂缝。这种格局的多裂缝也许是降滤措施不起作用，滤失仍很严重，加砂不成功的原因之一。此时应避免在压裂之初产生多条裂缝。

2.6.5　前置液量选择

对多裂缝地层,即使采取了段塞堵塞小裂缝的技术,整个压裂过程中仍处于较高滤失状态,为预防大规模砂堵的早期到来,一般应用与储层滤失相匹配的前置液量。有时采用段塞稀隔液加砂工艺,即除了前置液外,在携砂液注入过程中分段间隔加入原胶作为段塞稀隔液,它可以补充一部分压裂液滤失,从而降低砂堵概率。同时,可利用原胶与冻胶间的黏度差,使携砂液继续进入地层,进行支撑剂的合理运移,避免造成砂堤铺置的不连续性。

2.6.6　小型测试压裂辅助补孔

针对一些压裂井,射孔时没有准确考虑孔眼相位角与最小主应力方向的对应关系,造成孔眼与裂缝方向垂直或呈较大角度,压裂时会产生比较严重的裂缝弯曲现象,导致近井摩阻成倍增加,从而造成启裂泵压或施工泵压很高,甚至导致施工失败。对这类井,可借助小型测试压裂工艺,在主压裂前测出孔眼摩阻、近井裂缝弯曲摩阻等参数,并由此判断产生高压的原因,若的确是由射孔方位不当造成的,可进行相应的补孔作业,降低压裂施工泵压。

第**3**章
水力压裂设计

3.1 压裂前录取资料种类

3.1.1 井号、井型、区域地质概况资料

井号、井型、区域地质概况资料包括井号、井型、地质年代、沉积相、砂体展布、层位等相关资料。

3.1.2 钻完井资料

钻完井资料包括钻井井史;钻头类型及尺寸;钻井地破实验资料;井眼轨迹;套管的钢级、外径、壁厚、下深、抗内压强度、套管接箍位置、套管变形及管外审槽情况;水泥返高、固井质量、目前人工井底;钻井液密度及黏度;钻井过程中的钻时变化、漏失及井涌情况;完井方式及射孔资料等。

3.1.3 录井资料

录井资料包括岩屑录井及气测录井相关资料等,可了解岩性及含油气性显示特性等。

3.1.4 测井资料

测井资料包括常规测井和特殊测井资料等。可了解每个层的岩性、电性、物性、含油气性、岩石力学参数、天然裂缝及地应力等相关数据。

3.1.5 岩心资料

岩心资料包括物性分析资料、薄片鉴定、岩石的各种矿物组分、热成熟度、含气性、黏土含量、胶结类型、胶结物成分、微观结构、敏感性实验资料、相渗特性、岩石力学及地应力参数、损害资料等。

3.1.6 地下流体资料

地下流体资料包括地下油气水的黏度、密度、水型、矿化度、凝固点及含蜡含硫等相关资料。

3.1.7 储层测试及生产测试资料

储层测试及生产测试资料包括通过储层测试方法得到的静压、流压、储层温度、表皮系数、有效渗透率、泄油半径以及通过生产测试得到的产液(气)剖面和吸水剖面等资料。

3.1.8 历次作业情况

历次作业情况包括历次作业相关资料,如作业类型、作业参数和作业效果等。

3.1.9 邻井或同区块改造资料

邻井或同区块改造资料包括储层特征,井网及井排距,剩余油气分布,井层情况,改造设计、施工参数、压裂监测资料,生产和注入动态资料,区域注水连通状况,测试资料,砂堵、出水、出砂、增产与减产原因分析等。

3.1.10 地震资料

地震资料包括常规地震处理解释的相关资料,如地应力方位、天然裂缝富集程度及分布等。

3.1.11 地面资料

地面资料包括井场情况、道路和水源等情况。

3.1.12 井筒、井口、井筒内管柱资料

3.1.13 天然裂缝发育情况、岩石脆性、底水情况

3.2 压裂设计原则

在现有工艺技术及能力的前提下,最大限度地认识储层及发现储量,提高单井产量、日注量及压裂有效期,改善储层动用程度,实现优化的经济投入产出以及勘探与开发的目标。

从岩性、脆性、储层厚度、储层温度、压力、渗透率、储层流体性能、储层力学性能、纵向上力学参数分布、固井质量、底水情况、储层横向展布、天然裂缝发育情况、黏土含量、水敏性矿物、地应力特点等出发,分析储层改造的难点。

针对性的措施及设计思路见表3.1。

表 3.1　针对性的措施及设计思路

分析对象	针对性的措施及设计思路
分析裂缝形态	确定是水平裂缝还是垂直裂缝
分析井型	直井、定向井、水平井
是否实行分层或分级压裂	明确分层或分级压裂工艺方法
确定是否实行控缝高措施	采用何种控缝高措施
确定是普通压裂还是体积压裂	如何实现体积压裂
确定是普通裂缝、缝口多裂缝还是缝内多裂缝	如何实现缝口多裂缝、缝内多裂缝
确定液体类型	胍胶压裂液、聚合物压裂液、表面活性剂压裂液
支撑剂	支撑剂类型、大小
考虑是否存在储层出砂问题	纤维、支撑剂类型
考虑是否有支撑剂嵌入问题	浓度增大、支撑剂类型
是否有较强的支撑剂沉降问题	纤维、低密度、气泡悬浮
是否有高温问题	浓度、液体类型、交联
是否有高压问题	如何加重
是否有低温破胶问题	破胶剂、液体类型
是否有返胶问题	改变液体体系
新井还是重复压裂井	重复压裂井

3.3　压裂材料评估与优选

3.3.1　压裂液类型及基础配方

根据压裂储层的温度、岩性、力学性质、敏感性实验结果和储层流体性质,结合压裂工艺要求确定,见表 3.2。

表 3.2　压裂液类型及适用储层

类型	压裂液体系	主要功能特点	适用储层
植物胶	羟丙基胍胶压裂液	应用广泛,水质适应性强,具有良好的耐温耐剪切、携砂性能,破胶液固相残渣含量高(≥450 mg/L)	常规及非常规储层
	柴油交联乳化压裂液	油水两相形成稳定的乳状液,降低滤失量,成本高	泥页岩油气储层
	高温 120～160 ℃ 胍胶压裂液	优选缓释交联剂,提高抗高温剪切能力、匹配温度稳定剂,抑制压裂液中游离氧	高温油气储层

续表

类　型	压裂液体系	主要功能特点	适用储层
聚合物	低成本聚合物压裂液	低成本速溶型聚合物和高价阳离子交联剂交联反应增黏,比胍胶残渣降低93.5%,渗透率伤害降低46.3%,携砂性能相当,可替代胍胶	常规及非常规储层
	液态缔合压裂液	利用分子间静电作用使聚合物分子链缔合形成空间网状结构,通过聚合物结构设计和表面活性剂的耐温基团来提高耐温性	常规及非常规储层
	海水基压裂液	海水中快速溶胀,良好的耐温耐盐耐剪切性能,伤害低	海上油气井压裂
	常规滑溜水	速溶增黏(3 min 黏度释放>90%)、低摩阻(降阻率>70%)	常规及非常规储层
	变黏滑溜水	提高黏弹性、匹配弱交联携砂促进剂,形成黏度 10～30 MPa·s 变黏体系,保证高排量下高悬砂性能、免速配、效率高	常规及非常规储层
表活剂	表面活性剂压裂液	体系组分简单:表面活性剂 + 无机盐;遇油水自动破胶,体系"零残渣、低伤害"	环保敏感区增注水井

3.3.2　压裂液优化及其性能参数

常规压裂,压裂液的性能参数指标要考虑耐温、耐剪切能力、残渣含量、携砂能力等,见表3.3。

表3.3　压裂液性能指标

压裂液性能	考虑因素
配伍性	与地层岩石和地下流体的配伍性
黏度、弹性	有效地悬浮和输送支撑剂到裂缝深部
滤失性能	常规压裂主要取决于压裂液黏度和造壁性,加入降滤剂可大大降低滤失量。体积压裂液体在携砂压裂阶段要满足携砂性能
低摩阻	在设备功率有限条件下,提高压裂设备效率
低残渣易返排	降低对生产层的污染和对填砂裂缝渗透率的影响
热稳定性和抗剪切稳定性	保证压裂液不因温度升高或流速增加引起黏度大幅度降低
连续混配	采用连续混配工艺压裂时稠化剂的速溶能力,应满足常温条件下 3 min 内黏度达到稳定黏度的80%以上,且均匀无固相,与连续混配装备能力相匹配

3.3.3　支撑剂优选及其性能参数

支撑剂的性能评价及优选,应综合考虑压裂储层的有效闭合应力、杨氏模量、不同宽度的裂缝缝网、体积压裂暂堵要求、裂缝纵向剖面的均匀支撑、防砂要求、支撑剂密度、稳定性、支撑剂短期导流能力和长期导流能力等因素,并结合预测的压裂井产量指标、稳产期指标和经济指标等进行优选。

3.4　压裂方案优化

3.4.1　地应力剖面、岩石力学参数确定

利用地应力软件,结合室内测试结果,得到地应力、弹性模量、泊松比、抗张强度、断裂韧性的连续剖面。

3.4.2　压裂层段优选

应综合考虑压裂储层的地应力大小、含油气性、天然裂缝、距水层的距离、脆性,隔层情况,固井质量及现有施工工艺技术情况等因素。

3.4.3　压裂方式优选

根据井型及井筒条件,选择直井分层、水平井多段、复合压裂、体积改造等方式,满足应安全可靠、经济实用,简便易行,不损坏套管与管外水泥环,不污染环境改造要求。

3.4.4　完井方式

应综合考虑地层岩性、物性、底水情况、裂缝发育情况、体积压裂改造工艺需求等因素,优选裸眼、套管完井方式。射孔方式及参数优化,应综合考虑地层物性、就地应力条件、完井方式、段(层)间距、簇间距、压裂方式及套管变形、控制裂缝高度、减小摩擦阻力、顺利通过高砂比支撑剂等因素,优化射孔枪型、孔密、相位角等参数。射孔参数主要考虑压裂工艺的需要,一般不采纳深穿透、高孔密等工艺。射孔完井是目前应用最广泛的完井方式。

3.4.5　压裂井口及管柱优选

根据套管钢级、壁厚及抗内压强度和预测的地层破裂压力、施工排量等数据,选择合适的注入管柱组合及井口装置,并进行强度校核,以确保施工安全。油管注入和套管注入都需校核井口装置、套管头和套管强度,以确保施工安全。体积压裂时,可采用套管作为注入管柱。油管压裂时尽量采用大直径油管。水力喷砂射孔压裂通常采用油套同注。

3.4.6　裂缝条数、支撑缝长和导流能力优化

应用 McGuire & Sikora 曲线法、经典图版、支撑剂指数法、产能数学模型、油气藏数值模拟软件和水力裂缝模拟软件(FracproPT、E-StimPlan、Terrfrac、GOHFER、Meyer 等),在生产动态历

史拟合的基础上,模拟不同裂缝条数、支撑缝长和导流能力条件下的加砂量及支撑剂浓度等数据。经模拟计算,绘制出不同裂缝条数、支撑缝长和导流能力下的产能曲线,并依据曲线形态确定优化的裂缝条数、支撑缝长和导流能力。除了产能方面的考虑,还要考虑裂缝间的应力干扰对裂缝条数的影响。

3.5 压裂施工参数优化

3.5.1 最优排量确定

最优排量需综合考虑压裂管柱、井口装置承压能力、设备能力、压裂液的摩阻、支撑剂沉降速度、裂缝宽度足以接纳设计浓度的支撑剂、滤失能力、施工规模、改造体积、段内射孔簇数、缝高延伸等多个因素确定。水力喷砂射孔压裂工艺,油管排量要满足高速射孔要求。水平井分簇压裂单簇排量要达到 $4 \text{ m}^3/\text{min}$ 以上。

3.5.2 前置液比例

前置液比例根据裂缝模拟结果确定,确保施工安全及经济最优,且满足提高改造体积、裂缝复杂程度和降低储层损害等要求。对体积压裂,前置液具有制造体积缝网的功能,此时通常的"前置液"概念失去意义。对普通压裂,根据滤失情况设计前置液比例,前置液比例在 10%~60% 之间变化。砂比大小影响前置液比例。

3.5.3 支撑剂组合和用量

常规压裂支撑剂量根据优化的支撑缝长、缝宽和裂缝条数确定。体积压裂要考虑支撑剂组合,根据储层的闭合压力、杨氏模量、缝网发育程度、裂缝高度等参数以及与之相匹配的裂缝导流能力来确定。

3.5.4 支撑剂浓度

常规压裂支撑剂浓度根据优化的支撑剂铺置浓度和导流能力确定。体积压裂支撑剂浓度综合考虑压裂液的携砂性能、造缝宽度、支撑剂颗粒大小、密度等因素来确定。

3.5.5 顶替液量

顶替液量以注入管柱体积、压裂储层顶部至注入管柱底部间的套管体积、混砂车漏斗及地面注入管线的体积之和来确定。对直井分层压裂和水平井分段压裂,一般采用适量过顶替措施以保证压裂施工安全。

3.5.6 压裂泵注程序

为获得合理的支撑剖面或改造体积,压裂泵注程序应综合考虑施工安全、设备能力、提高改造体积和裂缝复杂程度的工艺方法或压裂液性能等因素来确定。所有技术措施、技术思路都体现在泵注程序中,泵注程序是压裂施工的指导性文件与依据。

3.5.7　施工压力预测

施工压力根据储层物性、岩石力学参数、井筒注入条件、施工排量、支撑剂浓度等参数,结合区块邻井资料来确定。地面注入泵压计算如下:

$$p_i = p_{cf} - p_h + \sigma_c + p_{net} + p_{pf} \tag{3.1}$$

式中　p_i——地面注入泵压,MPa;

　　　　p_h——液柱压力,MPa;

　　　　p_{cf}——管柱摩擦阻力,MPa;

　　　　σ_c——最小地层应力,MPa;

　　　　p_{net}——缝口的净压力,等于裂缝内的压降;

　　　　p_{pf}——射孔和近井筒摩擦压力降,MPa。

井筒摩擦阻力 p_{cf} 是井口压力的重要组成部分,其计算方法如下:

(1)理论计算方法

与清水相比,降阻比定义为

$$\delta = \frac{(\Delta P_f)_p}{(\Delta P_f)_w} \tag{3.2}$$

Lord 和 MC. Gowen 研究认为,降阻比系数 δ 是压裂液平均流速 v、稠化剂浓度 C_g 和支撑剂浓度 C_s 的函数。通过对大量数据的线性回归,提出了矿物条件下适用于 HPG 压裂液体系的降阻比经验关系式,计算如下:

$$\ln \frac{1}{\delta} = 2.38 - 1.16 \times 10^{-4} \frac{D^2}{Q} - 0.285 \times 10^{-4} C_g \cdot \frac{D^2}{Q} - 0.163\ 9 \ln \frac{C_g}{0.119\ 8} + 0.234 C_s e^{\frac{0.119\ 8}{C_s}}$$

$$\tag{3.3}$$

　　清水摩擦阻力

$$(\Delta P_f)_w = 7.779 \times 10^{-6} \times D^{-4.75} \times Q^{1.75} \times L \tag{3.4}$$

式中　$(\Delta P_f)_p$——压裂液摩阻,MPa;

　　　　$(\Delta P_f)_w$——清水摩阻,MPa;

　　　　δ——降阻比系数,无单位;

　　　　D——管柱内径,m;

　　　　Q——施工排量,m³/s;

　　　　L——管柱长度,m;

　　　　v——平均流速,m/s;

　　　　C_g——稠化剂浓度,kg/m³;

　　　　C_s——支撑剂浓度 kg/m³。

(2)拟合计算方法

不同排量、不同管径下的流动阻力,最好的求取方法是根据现场数据进行反算。管柱内的盐水当量密度一般按照 1.04 计算,压裂液当量密度按照 1.02 计算。对盐水及压裂液分别进行研究。

对 $2\frac{7}{8}''$ 管柱,盐水摩阻公式(图 3.1)为 $y = 0.003\ 5x^2 + 0.000\ 8x + 0.000\ 2$;压裂液摩阻公式(图 3.2)为 $y = 0.000\ 2x^2 + 0.004x - 0.003$。

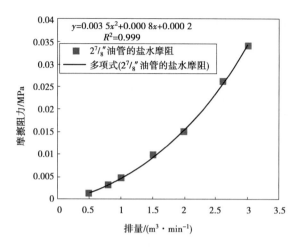

图 3.1 $2^7/_8''$ 油管盐水摩阻拟合

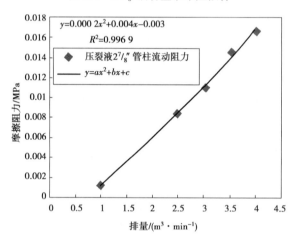

图 3.2 $2^7/_8''$ 油管压裂液摩阻拟合

对 $3^1/_2''$ 管柱,盐水流动阻力公式(图 3.3)为 $y = 0.001x^2 + 0.001x - 0.0003$;压裂液流动阻力公式(图 3.4)为 $y = 0.0003x^2 + 0.0005x - 0.0001$。

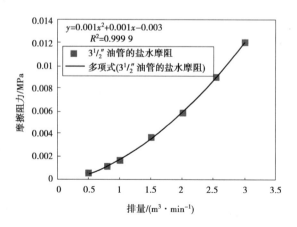

图 3.3 $3^1/_2''$ 油管盐水摩阻拟合

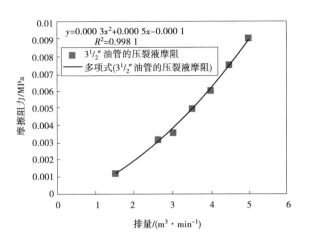

图 3.4　$3^1/_2''$ 油管压裂液摩阻拟合

3.6　压裂设备能力

往井内注入高压、大排量压裂液,将地层压开并把支撑剂挤入裂缝的专用车辆。主要用于油、气、水井的各种压裂作业,也可用于水力喷砂、煤矿高压水力采煤、船舶高压水力除锈等作业。设备能进行单机和联机作业,主要由载车底盘、车台发动机、车台传动箱、压裂泵、管汇系统、润滑系统、电路系统、气路系统和液压系统等组成。

2500 型压裂泵车编号根据压裂车的最高工作压力和最大输出水功率两个参数确定,其中最高工作压力是压裂泵采用最小柱塞时的额定压力。压裂车最高工作压力为 140 MPa,压裂车最大输出水功率为 1 860 kW。具体参数见表 3.4。

表 3.4　压裂液类型及适用储层

项　　目	参　　数
柱塞直径	ϕ101.6 (4'')
最高工作压力	123 MPa　　（对应工作排量 0.867 m³/min）
最大排量	2.47 m³/min　　（对应工作压力 45.3 MPa）
压裂泵输出水功	2 500 HP(1 860 kW)

3.7　压裂施工方法

3.7.1　压裂施工前准备及要求

（1）井场要求

井场平整、坚实,入口处宽敞。设备摆放与井口之间距离满足安全要求。道路、电源等良好,井场能摆放各种必要的压裂施工设备、辅助设备及消防设备,且施工方便。应能摆放足够容积的施工液罐、储液池、废液池和计量液罐。仪表车正门应背离井口方向。有必要的防洪、防滑措施和安全警示标志、风向标等。

(2)井筒准备

井筒准备包括通井、刮管、洗井、探人工井底、试压、替压井液。

通井是使用通井规直接下井检查套管内通径的作业;刮管是使用刮管器对套管进行刮削,清除套管内壁上的水泥、毛刺的作业。

洗井:把通井刮削管柱提至井底 1～2 m 处,坐好井口,用清水反洗井,要求排量大于 500 L/min,洗井液不得少于井筒容积的两倍,连续循环两周以上,待进出口水质一致、机械杂质含量小于 0.2% 时停泵,洗井结束。

洗井完毕后,必须装全装好采(油)气树,对套管、人工井底及采气树进行密封性试压,清水试压 25 MPa,在 30 min 内压力下降小于 0.5 MPa,且不再下降为合格。

(3)压裂装备准备

正式施工前应对压裂车的安全阀进行检测,压裂车安全阀应灵活可靠。连续混配车、连续油管车、液氮泵车、连续输砂及返排液回收处理装备等按设计要求执行压裂施工所需的辅助设备。

压裂车正常运行时上水效率应大于 85%,要求压裂车、混砂车、连续混配车、连续油管车的连续作业时间满足施工要求,混砂车供液压力应达到 0.3～0.5 MPa,连续混配车供液能力达到设计要求。施工过程中的供液能力不小于设计的最大排量,供砂能力不小于设计的最大加砂速度。压力计、流量计和密度计进行校对。

(4)压裂材料准备、储液、配液、供液、现场检测

按设计要求备齐配制压裂液所需材料及支撑剂。液罐数量、储液池容积应满足压裂设计要求。储液池、清水罐应清洗干净,无机械杂质。按设计配方和用量配制压裂液。压裂液配好后及正式施工前均应取样测试黏度、pH 值、交联性等性能,结果应符合压裂设计方案中的要求。供液能力应达到设计要求,且保证连续供液及连续混配等特殊要求。

3.7.2　现场施工要求

施工前应进行设计交底,按压裂设计要求严格分工,并应召开施工安全会议。井口、高压管汇、低压管汇试压。按压裂设计泵注程序进行施工,采集时间、排量、压力、支撑剂浓度、砂量、液量等施工参数,实时监测与解释裂缝测试数据,及时调整施工参数。

施工应规定最高限压,不超过管柱额定工作压力的 80% 和井口限压的最小值。施工过程中应规定取样,检测压裂液性能。压裂过程中,应密切注意压力、供液、供砂等变化情况,并及时采取相应措施。

3.7.3　裂缝监测与测试要求

按压裂设计要求进行裂缝监测和测试。微地震、微形变、光纤类等监测按压裂设计要求执行。对设计要求测压裂裂缝高度的井层,井温、偶极子声波和示踪剂等测井的井段应满足测试要求。为了准确获得裂缝高度,根据情况可多次测井。压后井温测试,应不放喷测井温。

3.7.4　压裂后排液要求

压裂施工结束后,按设计规定放喷时间、油嘴大小或针形阀开度等进行放喷排液。在排液过程中应对液体的返排时间和返排量进行计量、取样,并检测返排液的 pH 值、氯根、黏度等性能。计量压裂后返出的支撑剂量、返出液中的油气水含量。

3.7.5　水力裂缝形态评估

利用现场施工数据拟合水力裂缝形态,包含水力裂缝缝长、缝宽、缝高、裂缝导流能力等;利用地面地下微地震、大地电位、倾斜仪等监测资料解释水力裂缝形态及方位;利用井温测井评估水力裂缝缝高。

第**4**章
直井多层压裂技术

4.1 分层改造的技术特点和发展趋势

多层油(气)井层间渗透率差异大,储层厚度大,地层的破裂压力差别也很大,全井筒压裂时,裂缝便在地层破裂压力相对较低的高渗透层中延伸,而低渗透层难以被压开,产能不能释放出来,影响压裂效果。采用多层压裂技术来达到动用多个储层储量,提高采收率和开发经济效益的目的。

分层压裂技术在多油层改造中具有以下优势:

①能同时处理大多数小层,甚至全部小层,从而获得较高的完善系数。

②能按具体地质条件确定各目的层的合理处理程度。

③可以保证裂缝在最有利部位产生,提高效果,节约投资。

国内在分层改造方面的应用发展较快,目前可实现进行 3~8 个目的层的压裂。

4.2 机械工具分层压裂

利用工具分层压裂是目前国内外应用较为广泛的分层压裂方式,根据所选用的封隔器和管柱结构,目前国内外使用的有单封隔器分层压裂技术、双封隔器分层压裂技术、三封隔器分层压裂技术和桥塞分层压裂技术。

4.2.1 单封隔器分层压裂技术

传统的单封隔器分层压裂技术是利用单封隔器卡住压裂层段结合填砂、封堵球等技术,压完第一层段后上提压裂管柱,卡住第二层进行压裂施工,用此方法依次将各层压开可以实现多层压裂。但要动施工管柱,施工周期长。

还有一种单封隔器分层压裂技术是利用油管和油套环空进行分层压裂。

油管和油套环空分层压裂技术利用一般的封隔器封隔油套环空,通过油管和环空分别注液实现对两个油气层的加砂压裂,如图 4.1 所示。它的优点是压裂管柱简单、施工工艺简单实用、可靠性高、工具成本低、不受层间距离长短和破裂压力差异的限制,其最突出的特点是下一次管柱,可保证两层均成功地进行加砂压裂施工。使用该压裂工艺一般要求各层间的隔层具有良好的封隔性能,或者层间距要足够大,防止裂缝穿过隔层。它对井身条件的要求是封隔器的承压强度和套管的抗内压强度应大于施工时的最大井底压力,固井质量要求较高,并要求套管无破损和渗漏现象。

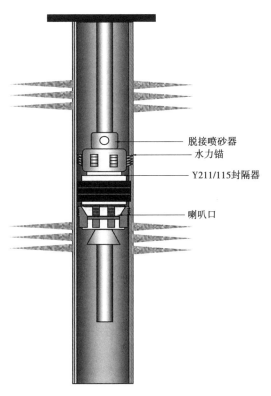

脱接喷砂器
水力锚
Y211/115封隔器
喇叭口

图 4.1 单封隔器分层压裂管柱示意图

4.2.2 双封隔离分层压裂工艺技术

各个油田都广泛采用了双封隔离分层压裂工艺技术。它是利用不动压裂管柱,通过封隔器和喷砂器将压裂目的层分开,以实现分层压裂。各个油田根据自己的实际情况,采用的管柱结构各有不同,双封隔离分层压裂管柱主要有 Y221-Y111 型双封隔离分层压裂管柱、Y341 型双封隔离分层压裂管柱、Y344 双封隔器压裂管柱结构等。根据实际的施工井段、施工层位不同,管柱结构也不同,利用双封隔器压裂管柱可以有通过油管来压一层、压两层、油管压两层环空压一层等作业方式。如图 4.2 和图 4.3 所示为利用双封隔器压一层、分压两层的管柱结构示意图。

4.2.3 三封隔离分层压裂技术

不动管柱三封隔离分层压裂的压裂工艺管柱由水力锚、压裂封隔器、滑套喷砂器、坐封球座及割缝喷砂器等组成(图 4.4),各个油田的管柱结构略有不同。

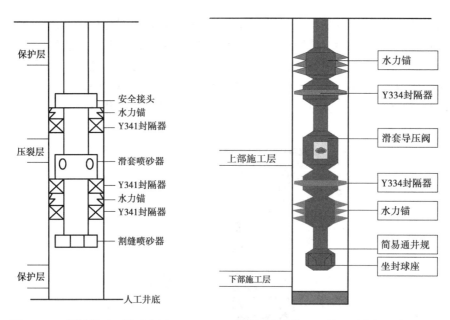

图 4.2　双封隔器压一层示意图　　　图 4.3　分压两层压裂管柱示意图

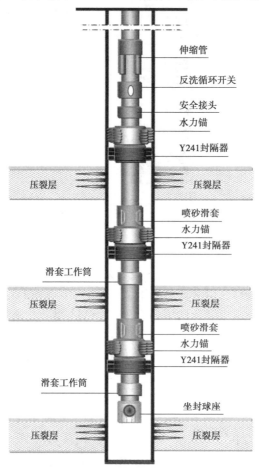

图 4.4　三封隔器分层压裂压裂管柱示意图

4.2.4　桥塞分层压裂工艺技术

按照桥塞分层技术的解封方式和用途可以分为永久式(可钻式)桥塞分层压裂技术、可取式(可回收)桥塞分层压裂技术两大类。

(1)永久式桥塞分层压裂技术

机械桥塞按坐封方式可分为液压坐封、电缆坐封、机械坐封和液压机械坐封,桥塞有些是通用的,其区别主要在于坐封工具的不同。

工作原理:利用电缆或管柱将其输送到井筒预定位置,通过火药爆破、液压坐封或者机械坐封工具产生的压力作用于上卡瓦,拉力作用于张力棒,通过上下锥体对密封胶筒施以上压下拉两个力,当拉力达到一定值时,张力棒断裂,坐封工具与桥塞脱离。此时桥塞中心管上的锁紧装置发挥效能,上下卡瓦破碎并镶嵌在套管内壁上,胶筒膨胀并密封,完成坐封。

目前常用的金属桥塞存在易卡钻、钻铣困难等缺点,特别是用于斜井、水平井的分层压裂、酸化、封堵水等工艺,受其特殊井身结构的影响,这类井在解除金属桥堵进行磨铣时,易发生卡钻等问题,出现问题后比直井处理起来要复杂,为解决这一问题,研制了一种新型工具——高压复合桥塞。

利用高压复合材料制造桥塞替代金属桥塞(图 4.5),复合材料容易钻铣,磨掉的碎屑轻、小,更容易冲出,不会卡钻,克服了金属桥塞易卡钻、钻铣困难等缺点。

图 4.5　复合材料桥塞图

1)结构特点

①结构简单,下放速度快,可用于电缆、机械或者液压坐封。

②可坐封于各种规格的套管。

③整体式卡瓦可避免中途坐封。

④采用双卡瓦结构,齿向相反,实现桥塞的双向锁定,从而保持坐封负荷,压力变化可保证密封良好。

⑤球墨铸件结构易钻除。

⑥施工工序少、周期短、卡封位置准确、深度误差小于 1 m,特别是封堵段较深、夹层很薄时更具有明显的优越性。

2)主要技术指标

①工作温度:120 ~ 170 ℃。

②工作压力:35 MPa、50 MPa、70 MPa。

③坐封力:140~270 kN。

④适用套管:127~244.5 mm。

（2）可取式桥塞分层压裂技术

可取式桥塞主要由坐封机构、锚定机构、密封机构等部分组成。采用独特的自锁定结构，具有可靠的双向承压功能。可取式桥塞用电缆坐封工具或液压坐封工具坐封，需要时可解封回收、重复使用。它可以进行临时性封堵、永久性封堵、挤注作业等，还可与其他井下工具配合使用，进行选择性封堵和不压井作业等。可取式桥塞是一种安全可靠、成本低廉、功能齐全，适用范围广的井下封堵工具。

可取式桥塞技术具有可回收性，应用非常普遍，主要用于暂时性封层。缺点是承压能力低，成本高，应用受到限制。

4.3 限流压裂

4.3.1 基本原理

限流压裂的基本原理是当一口井中具有多个压裂目的层，且各层间破裂压力又各不相同时，通过严格限制各油层的炮眼数量和直径，尽可能地提高施工中的注入排量，利用先压开层吸收压裂液时产生的炮眼摩阻随排量的增加而增加这一特点，大幅度提高井底注入压力，进而迫使压裂液分流，使各目的层按破裂压力的高低顺序相继被压开，最后一次加砂同时支撑所有裂缝，完成全井压裂。

4.3.2 技术关键

限流压裂的技术关键是根据目的层的物性、厚度、纵向相邻油层和隔层的情况，以及平面上的连通关系，确定合理的布孔方案，即优化每个单层所射孔岩数量和孔径，以此来控制不同油层的处理强度，特别适合于对未射孔的低渗透薄油层进行多层压裂完井作业。

4.3.3 不足之处

限流压裂工艺技术的实施存在很大的不足之处，主要体现在以下5个方面：

①如果限流压裂施工没有正确地实施，则不能保证每一产层都进入了足够的液体。

②进行设计时，较薄的层位需要进入的液体和支撑剂少，只需布较少的射孔孔眼。射孔孔眼少，孔眼损坏的影响就很明显，即使仅一个或两个孔眼受到损坏，也能明显改变流量分配。

③在压裂液中加入砂子，会很快磨蚀孔眼，并改变孔眼流动效率。前置液的转向可能是成功的，但携砂液的转向就不一定成功，在孔眼磨蚀以后，很有可能一个层位进入了大部分的液体。

④限流压裂设计中一般都没有考虑裂缝净压力的影响。

⑤由于各层位裂缝延伸的复杂性，在限流压裂施工中要实现设计要求拟订的支撑剂在各层位的分布是非常困难的。

4.4　暂堵剂分层压裂和暂堵球分层压裂技术

4.4.1　化学暂堵分层压裂技术

暂堵分层压裂是在压裂过程中,投注暂堵剂,利用暂堵剂的搭桥封堵作用暂堵老缝缝口;或者投注暂堵球,暂堵老缝对应的炮眼。井底压力升高,从而压开新的裂缝。根据弹性力学理论和岩石破裂准则,裂缝总是在破裂压力(拉张或剪切)最小的地方启裂。老裂缝已经被封堵,液体已经不能进入,井筒内压力升高,存在可能开启新裂缝的射孔层段,从而产生新的裂缝。暂堵转向压裂的作用如下:

①对直井、斜井,封堵老裂缝,纵向开启新的油气层。

②对直井、斜井,封堵老裂缝,开启同层新裂缝。

③对直井、斜井、水平井,封堵老裂缝端部,在老裂缝延伸的沿程开启新裂缝分支。

④对水平井,封堵老裂缝,沿井筒开启新的射孔孔眼,形成新的裂缝,节省封隔器、提高裂缝条数、简化工艺、提高产量。

4.4.2　暂堵剂

对堵剂的性能要求:

①具有一定的耐温能力(和储层的温度有关)。

②具有一定的自溶解能力(水溶、油溶等和液体体系有关)。

③具有适应储层转向要求的耐压强度、封堵能力和封堵时间,有一定的黏度与刚度。

④较低的伤害(完全溶解为液体,无残渣)。

⑤合适的密度、形状,一般为球形、片状。

⑥合适的大小:对球状堵漏材料,当 D90 与裂缝水力学宽度相当时,其在裂缝中的滞留概率最高,裂缝封堵效果最好;对片状堵漏材料,当其 D90 略大于裂缝水力学宽度时,裂缝封堵效果最好。封堵炮眼:暂堵球 + 小颗粒暂堵剂,效果较好;封堵缝口或缝端:暂堵颗粒 + 纤维,效果较好;片状颗粒较好;小颗粒从混砂车投入,可过压裂泵;大颗粒从高压管汇开口注入。

⑦对施工设备的适应性(加入方式、加入速度、浓度、设备的改造、注入流程)。

⑧经济性。

暂堵剂材料类型主要有骨胶类及复合材料类。

(1)骨胶类暂堵剂

①封堵率及承压强度。分散态:滤饼厚度大于 1 cm 时,21 MPa 不能突破;滤饼厚度小于 1 cm 时,不能有效形成封堵。

②压裂液中溶解性:30 ℃,5.5 h 内全溶;50 ℃,3 h 内全溶;80 ℃,1.2 h 内全溶。水不溶物:<4%,密度:1.2 ~ 1.5 g/cm³,适应地层温度:30 ~ 140 ℃。外观:白或棕褐色颗粒;粒径:1 ~ 7 mm,如图 4.6 所示。

③主要成分:特级胭胶、骨胶以及各种添加剂等。该品及其水溶液对人体无伤害、对环境无污染、不会产生有毒气体。其与油气混合物对人体及皮肤无伤害。

骨胶类暂堵剂的特点是可以完全溶于水,但耐温性差,强度较低。

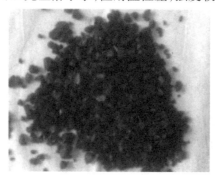

图 4.6　骨胶类暂堵剂

(2)复合材料类暂堵剂

复合材料类暂堵剂具有刚性和黏度两个特点。设计温度为 95 ℃,pH 值为 7～8 的 KCl 溶液,2 h 溶解 5%～10%,颗粒稍软,表面发黏;4 h 溶解 25%～30%,颗粒黏,有弹性;18 h 完全溶解。2 cm 厚度,40 目,突破压力 32.4 MPa;组合尺寸 20/40 目,突破压力 32.7 MPa。耐酸性:配置 10% HCl 及 1.5HF%,温度 95 ℃,2 h 无明显变化,强度不下降,无溶解现象产生。20 h 后失去韧性,可破碎。非常好的耐酸性,酸化暂堵对强度不影响。暂堵剂性能见表 4.1,产品外观如图 4.7 所示,缝内暂堵使用颗粒组合见表 4.2,缝口暂堵使用颗粒组合见表 4.3。

表 4.1　暂堵剂性能表

类型	编号	密度	尺寸	溶解温度/℃	外观
水溶性	YX-ZDJ-S50	1.0～1.3	0.08mm（剂）－22mm（球）	40～60	黄白色、淡黄色
	YX-ZDJ-S70	1.0～1.3	0.08mm（剂）－22mm（球）	60～80	黄白色、淡黄色
	YX-ZDJ-S100	1.0～1.3	0.08mm（剂）－22mm（球）	90～120	黄白色、淡黄色
	YX-ZDJ-S150	1.0～1.3	0.08mm（剂）－22mm（球）	＞130	白色、淡黄色
油溶性	YX-ZDJ-Y50	1.0～1.3	0.08mm（剂）－22mm（球）	＞50	黄色、黄褐色
	YX-ZDJ-Y70	1.0～1.3	0.08mm（剂）－22mm（球）	＞70	黄色、黄褐色
	YX-ZDJ-Y90	1.0～1.3	0.08mm（剂）－22mm（球）	＞90	黄色、黄褐色
	YX-ZDJ-Y120	1.0～1.3	0.08mm（剂）－22mm（球）	＞120	黄色、黄褐色
气溶性	YX-ZDJ-Q90	1.1～1.3	0.08mm（剂）－22mm（球）	＞90	灰色
	YX-ZDJ-Q120	1.1～1.3	0.08mm（剂）－22mm（球）	＞120	灰色

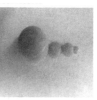

(a)水溶性　　　　　(b)油溶性　　　　　(c)气溶性　　　　　(d)暂堵球

图 4.7　复合材料暂堵剂

表 4.2 缝内暂堵推荐颗粒大小比例

粒径/mm	比例/%
2~7	17.77
0.5~2	49.63
0.4~0.5	8.32
0.3~0.4	11.96
0.2~0.3	12.27
<0.2	0.05
合计	100

表 4.3 缝口暂堵推荐颗粒大小比例

粒径/mm	比例/%
2	52
1	17
0.5	13
0.1	18
合计	100

粒径的选择不是越大越好,针对不同的裂缝有其最优值。影响因素:铺砂浓度、裂缝宽度、支撑剂颗粒大小、类型、地层闭合压力、射孔孔眼大小。缝口、缝内缝口推荐颗粒比例。暂时堵塞剂技术存在暂时堵塞剂加量的确定问题,同时地面不能准确判断各目的层被压开的顺序。对复合材料中纤维的要求:具有完全可降解性;更好的液体体系分散性;不同温度体系的耐温能力;更好的易施工性能;更好的架桥能力。纤维与暂堵剂混合在一起,压力达到 40 MPa 仍未突破,具有非常好的封堵能力。

4.4.3 暂堵球

暂堵球分层压裂技术是压开低破裂压力层段加砂压裂,然后注入带暂堵球的顶替液使射孔孔眼暂堵,再提高压力压开高破裂压力的层。利用各层段渗透性差异在适当时机泵入堵球,改变层间液体分配状况,压裂低渗层段。

暂堵球分层压裂工艺省钱省时、经济效果好、适应范围广,可以与其他压裂方法配合使用。使用效果如图 4.8 所示。

图 4.8 暂堵球使用效果图

暂堵球技术最大的不足是在压裂时投球控制不准,其投球的数量、投球速度、施工排量要求很严,施工技术难度大,在一定的压力下,难以控制计划改造的层位,即分层压裂改造目的性差,不能有效地对设计层位达到最佳改造,不能得到理想的分层效果。暂堵球技术存在加量的确定问题,并且应用此种技术,地面不能准确判断各目的层被压开的顺序。

抗压等级:直径 12 mm 的射孔孔眼内,22 mm 球可抗压 30 MPa(压差)以上。

4.4.4 投注工艺

现场投注工艺一:过高压泵车投注工艺。暂堵剂颗粒相对较小,可采取混砂车直接加注,如图 4.9 所示。

图 4.9 混砂车加注

①压裂结束后,将混砂车液罐打入基液 1~2 m³,加入纤维,搅拌均匀即可。

②打开混砂车液罐阀门,低排量注入纤维。

③停泵,混砂车液罐补液 1.5 m³。

④将暂堵剂加入混砂车液罐,加入过程液罐缓慢搅拌。

⑤将暂堵剂混合液打入管线。

⑥按后续程序进行正常作业施工。

现场投注工艺二:地面泵车顶加入大颗粒暂堵剂(不过泵),如图 4.10 所示。

图 4.10 地面泵车顶入大颗粒暂堵剂示意图

现场投注工艺三:通过高压管线上的设计短节,不过泵,如图 4.11 所示。

图 4.11　通过高压线上的短节加入暂堵剂示意图

4.5　固井滑套分层压裂技术

　　该工艺是把一种特制套管短节随完井套管一起下入井内并固井。该方案的关键前期工作是合理划定压裂层段,并将带特制套管短节的套管串下入预定层位并固井。

　　该工艺是通过固井技术结合开关式固井滑套,从而形成的分段压裂完井工艺。该工艺是根据油气藏产层状态,将套管和滑套联合下到井下,固井,再通过投入憋压球、下入开关工具或飞镖等方式,按顺序把各层滑套打开,一层一层地进行改造。

　　TAP 阀包括阀体、内滑套、活塞、C 形环等,当上一级阀体的压力传导至活塞腔时,活塞下行挤压 C 形环,形成球座,用来坐入井口投入的飞镖,隔离下一段。启动阀和中继阀在 TAP 完井系统中的作用很特别。启动阀里面没有活塞和 C 形环,内滑套直接与飞镖形成密封,中继阀内滑套内径保持通径,靠上级阀体压力开启滑套,用于压裂较厚储层。

　　(1)工艺优点

　　①工具组合与套管同时下入,不用射孔。

　　②没有用到额外的封隔器卡层,减少成本。

　　③压裂完成之后,套管要一直有通径,利于修井。

　　④用投球打开各级滑套,实现分级压裂,压裂段间作业衔接紧凑,压裂作业进度较快并可以实现连续压裂作业。

　　⑤压裂作业完成后,可以选择钻掉球座,为接下来的施工提供全通径井筒条件。

　　(2)工艺缺点

　　①套管滑套内直径变化大,固井配件设计不简单。

　　②套管压裂不能用分级箍,全井段封固需要固井胶塞密封性能非常好。

　　③不用射孔,要使用憋压憋穿水泥环,固井质量决定压裂施工能否顺利进行。

④滑套外径大,环空通道减少,滑套附近固井有影响,滑套外有水泥,初期压裂破裂压力较高。

固井质量好和储层较厚需要大规模压裂改造时,可用套管滑套固井分段压裂工艺。

4.6　水力喷射分层压裂工艺技术

4.6.1　工艺原理

水力喷射压裂是水力喷射和水力压裂相结合的一种工艺技术,其基本原理是利用动能和压能的转换原理,采用喷射原理形成喷孔并压开地层。裂缝形成后,每一个喷嘴如同一个"射流泵",依靠压降效应,将喷射出的流体导入裂缝(图4.12—图4.14)。

图4.12　喷枪实物

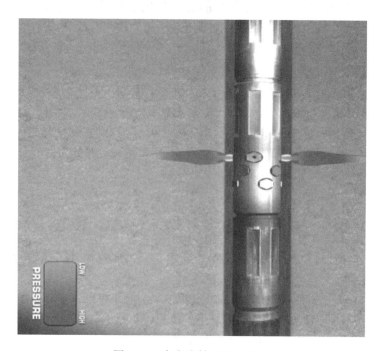

图4.13　水力喷射压裂示意图

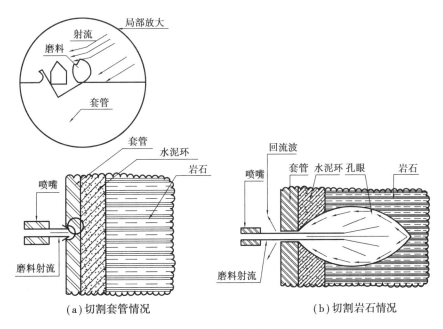

（a）切割套管情况　　　　　　　　（b）切割岩石情况

图 4.14　切割套管及岩石情况

采用该技术时,可以不需要机械封隔,也可以带底封,能够在准确的位置形成不同的多条裂缝。水力喷射压裂过程使用一套特殊的喷射工具在设计位置作业。喷射工具安装在传统的油管或连续油管上。

水力喷射压裂技术是集射孔、压裂、隔离一体化的新型增产措施工艺,解决了以前水平井分段改造存在的封隔工艺、固井质量和液体伤害的问题,在国内有重要的研究价值和应用前景。

足够大的喷嘴出口速度是射穿套管的前提条件。根据水动力学动量-冲量原理,固体颗粒受水载体加速,高速冲击套管和岩石,产生切割作用。通过室内试验与现场试验结果得知喷嘴出口速度大于 160 m/s 时可以击穿套管。最优喷嘴压降:28 ~ 35 MPa。磨料粒度选择:20 ~ 40目石英砂。最优磨料体积浓度:6% ~ 8%。最优喷砂射孔时间:10 ~ 15 min。

结合压裂井压裂施工控制井底压力和施工井段所需的总排量来确定环空注入排量。环空速度太低,会使得总排量达不到设计值,会使注入地层的压裂液回流,环空液柱降低。环空的注入速度过快,在射孔孔眼以上或喷射工具以上的裸眼地层产生新裂缝的可能性就会增加。目前施工设计中环空排量设计是油管排量的 30% ~ 50%。

压裂液冻胶在经过喷嘴的高速剪切后,必须能够快速恢复黏度,有效携砂。若追加破胶剂用量控制不好,经油管加入后,可能会影响压裂液冻胶的黏度恢复。追加破胶剂从环空加入更为安全,不影响油管内压裂液冻胶的携砂。

施工过程如下:①组装工具串,工具串一般分为可动与不动两种。可动的管串分为连续油管或油管,采用一组喷枪完成所有层射孔压裂。不动管柱时,每个射孔与压裂层对应一组喷嘴,如图 4.15 所示。②开始喷射,高压能量转换成动能高速冲击套管及岩石;磨料段塞冲击(套管及岩石)产生孔洞,流体回流到环空。③油套同注,形成高导流裂缝。环空打压,增加环空压力,与喷射端部产生增压,共同作用,裂缝启裂,环空流体不断进入,形成动态封隔(与射流泵原理同)。根据压裂需要泵注前置液与携砂液。高速射流在孔内增压 3 ~ 8 MPa 低压;喷嘴出口局部低压区环空卷吸作用,强化封隔效果。

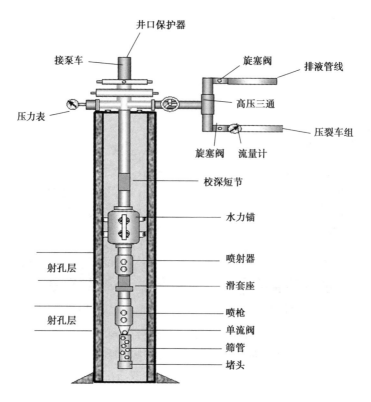

图 4.15　水力喷射压裂分层压裂示意图

4.6.2　应用案例

（1）基本参数

某井，储层为含砾泥质粉砂岩，有 4 个产层 1 497 ~ 1 501 m、1 521 ~ 1 530 m、1 540 ~ 1 546.5 m、1 573 ~ 1 577 m。针对层段多、单层厚度薄、隔层遮挡差且薄及地层倾角大的特点，采取油管带多个喷射滑套分层喷射压裂的技术措施，达到既能实现针对性的分层改造，又能起到一定的控缝高和引导裂缝起裂和延伸的作用。采取近线性加砂的技术措施来提高支撑裂缝导流能力和施工成功率。

（2）喷射水力学参数确定

1）环空补液量确定

环空补液量需在喷射造成的真空度允许最大补液排量范围内，综合考虑加砂浓度、套压控制因素后，确定油管排量为 2.0 ~ 2.2 m³/min；环空补液排量为 0.8 ~ 1.0 m³/min。

2）喷射水力学参数确定

综合考虑套管、水泥环和喷射时间因素，确定达到出口喷射速度所需的油管泵注排量，采用 6 mm × 6 mm 喷射滑套，油管泵注排量为 2.2 m³/min，见表 4.4。

表 4.4　喷射参数计算

油管排量/($m^3 \cdot min^{-1}$)	1.6	1.8	2	2.2	2.4
对应摩阻/($MPa \cdot 10^{-3} m^{-1}$)	3.91	4.77	5.85	6.89	8.41
液柱压力/MPa	15.5	15.5	15.5	15.5	15.5
6 mm×6 mm 喷嘴压耗/MPa	—	—	27.76	31.6	37.82
6 mm×6 mm 喷嘴出口喷射速度/($m \cdot s^{-1}$)	—	—	177	195	212
泵压/MPa	—	—	55.8	61.7	69.8

3)喷嘴磨损后参数的调整

喷射过程中,喷嘴磨损,喷嘴直径增大,导致喷射速度下降。喷嘴直径增大后需补偿排量,以满足喷射速度的需要。通过计算,得到喷嘴直径变化后的泵压与补充排量的对应关系(表4.5)。

表 4.5　不同喷嘴直径下的喷射参数与施工泵压计算

73 mm 油管排量/($m^3 \cdot min^{-1}$)	1.9	2.2	2.5	2.8
对应摩阻/($MPa \cdot 10^{-3} m^{-1}$)	5.67	6.89	8.07	9.52
6 mm×7 mm 喷嘴压耗/MPa	16.3	20.9	27.5	33.9
6 mm×7 mm 喷射速度/($m \cdot s^{-1}$)	123.5	143	162.5	182
6 mm×6.5 mm 喷嘴压耗/MPa	21.1	26.4	32.8	38.3
6 mm×6.5 mm 喷射速度/($m \cdot s^{-1}$)	143.2	165.0	188.4	211.1
6 mm×6 mm 喷嘴压耗/MPa	26.5	31.6	38.7	44.8
6 mm×6 mm 喷射速度/($m \cdot s^{-1}$)	168.1	195.0	221.1	247.7
6 mm×6 mm 泵压/MPa	57.33	64.55	73.51	81.89
6 mm×6.5 mm 泵压/MPa	52.13	59.35	67.61	75.39
6 mm×7 mm 泵压/MPa	47.33	53.85	62.31	70.00

由表4.5 计算得出:

①喷嘴直径增加到6.5 mm 左右时,补充油管排量为0.3 m^3/min。

②喷嘴直径增加到7.0 mm 左右时,补充油管排量为0.6 m^3/min。

(3)施工参数确定

1)施工规模

根据射孔与造缝需要,各层段施工规模见表4.6。

表4.6　各层段分层加砂压裂规模

层段/m	喷嘴中部深度/m	射孔石英砂	压裂陶粒
1 573.0 ~ 1 577.0	1 575.0	3.3(t)	8.0 m³(12.8 t)
1 540.0 ~ 1 546.5	1 543.0	3.3(t)	20.0 m³(31.0 t)
1 521.0 ~ 1 530.0	1 521.0	3.3(t)	10.0 m³(16.0 t)
1 497.0 ~ 1 501.0	1 498.5	3.3(t)	12.0 m³(19.0 t)

2）裂缝几何尺寸

应用 Fracpro-PT10.7 压裂软件模拟计算,得到各层段裂缝几何尺寸,见表4.7。

表4.7　支撑裂缝模拟参数

起裂点深度 /m	裂缝纵向跨度 /m	支撑缝长 /m	平均缝宽 /cm	裂缝导流能力 /Darcy-cm
1 498.5	1 489.5 ~ 1 509.7	42.2	0.85	18.27
1 521.0	1 514.8 ~ 1 532.2	37.6	0.98	21.96
1 543.0	1 537.5 ~ 1 573.2	67.2	0.84	18.62
1 575.0	1 564.1 ~ 1 580.6	35.8	0.93	20.79

3）施工液量

设计各层的射孔及压裂液量,见表4.8。

表4.8　液量设计

第④层 (1 573.0 ~ 1 577.0 m)	第③层 (1 540.0 ~ 1 546.5 m)	第②层 (1 521.0 ~ 1 530.0 m)	第①层 (1 497.0 ~ 1 501.0 m)
基液:8.0 m³ 射孔液:33.0 m³ 前置液:28.0 m³ 携砂液:40.0 m³ 顶替液:6.6 m³	基液:6.0 m³ 射孔液:33.0 m³ 前置液:57.3 m³ 携砂液:85.1m³ 顶替液:6.6 m³	基液:6.0 m³ 射孔液:33.0 m³ 前置液:35.5 m³ 携砂液:48.8 m³ 顶替液:6.6 m³	基液:6.0 m³ 射孔液:33.0 m³ 前置液:33.0 m³ 携砂液:55.5 m³ 顶替液:6.0 m³

4）施工管串

引鞋 + 筛管 + 球座 + 扶正器 + 1#喷枪 + 扶正器 + φ73 油管 + 扶正器 + 2#喷枪 + 扶正器 + φ73 油管 + 扶正器 + 3#喷枪 + 扶正器 + φ73 油管 + 扶正器 + 4#喷枪 + 扶正器 + 安全接头 + φ73 油管 1 根 + 滑套 + φ73 油管 + 定位短节 + φ73 油管至井口。1#喷枪位置:1 575 m;2#喷枪位置:1 543 m;3#喷枪位置:1 521 m;4#喷枪位置:1 498.5m。定位短节位置:1 400 m。

5）主要泵注参数

各层段施工参数设计见表4.9。

表 4.9　施工参数设计

	油管排量 /(m³·min⁻¹)	环空排量 /(m³·min⁻¹)	油压 /MPa	套压 /MPa	前置液 百分比 /%	最高 砂浓度 /(kg·m⁻³)	平均 砂浓度 /(kg·m⁻³)
第④层	2.2	0.8	<70	<35	41.2	600	326
第③层	2.2	0.8	<70	<22	40.3	600	364
第②层	2.2	0.8	<70	<22	42.2	600	329
第①层	2.2	0.8	<70	<22	40.8	600	342

6）主要工具参数

各层段喷枪设计参数见表 4.10。

表 4.10　液量设计

工具名称	长度 /mm	外径 /mm	内径 /mm	使用球直径 /mm
球座	—	—	20	28
1#喷枪	420	108	—	—
2#喷枪	500	108	32	38
3#喷枪	500	108	40	45
4#喷枪	500	108	47	50
扶正器	500	113	62	—
安全接头	250	95	60	—
滑套	370	95	52	55

7）泵注程序

仅展示第④层（1 573.0～1 577.0 mm）泵注程序。施工注意事项：施工过程中油管泵压控制不超过 70 MPa。现场实时分析，判断喷嘴损坏情况，根据损坏情况实时调整施工排量。泵注至第 11 步，当砂浓度降至 0 时开始计作顶替。第④层泵注程序设计见表 4.11。

表 4.11　泵注程序设计

序号	步骤	油管		套管		砂浓度 /(kg·m⁻³)	阶段 净液量 /m³	累计 净液量 /m³	累计 砂量 /t	备注
		油管 净液量 /m³	油管排量 /(m³·min⁻¹)	套管 净液量 /m³	套管排量 /(m³·min⁻¹)					
1	低替基液	2.0	0.5～0.8	—	—	—	2.00	2.0	—	投φ28 mm球开始顶替,起压开始射孔

续表

| 序号 | 步骤 | 油管 | | 套管 | | 砂浓度 /(kg·m⁻³) | 阶段净液量 /m³ | 累计净液量 /m³ | 累计砂量 /t | 备注 |
		油管净液量 /m³	油管排量 /(m³·min⁻¹)	套管净液量 /m³	套管排量 /(m³·min⁻¹)					
2	高挤基液射孔	33.0	2.2	—	—	100	33.00	35.0	3.3	套管闸门打开，20/40目石英砂
3	顶替基液	6.0	2.2	—	—	—	6.00	41.0	3.3	
4	高挤前置液	20.0	2.2	8.0	0.8	—	28.00	69	3.3	关闭套管闸门，环空开始泵注
5	高挤携砂液	6	2.2	2.2	0.8	100	8.2	77.2	4.1	20/40目陶粒
6		6	2.2	2.2	0.8	200	8.2	85.4	5.8	
7		5	2.2	1.8	0.8	300	6.8	92.2	7.8	
8		4	2.2	1.5	0.8	400	5.5	97.6	10.0	
9		4	2.2	1.5	0.8	500	5.5	103.1	12.7	
10		2	2.2	0.7	0.8	600	2.7	105.8	14.3	
11		2.1	2.2	0.8	0.8	600	2.9	108.7	16.1	
12	高挤顶替液	4.8	2.2	1.8	0.8	—	6.6	115.3	—	顶替到4.8 m³时投 φ38 mm球

4.7 连续油管水力喷射分层压裂技术

4.7.1 工艺概述

连续油管分层压裂技术可在一次施工中对多个产层进行压裂作业。与传统不动管柱压裂工序相比，整个作业的最大特点是减少了施工时间。连续油管作业车、井下工具连接图，如图4.16所示。

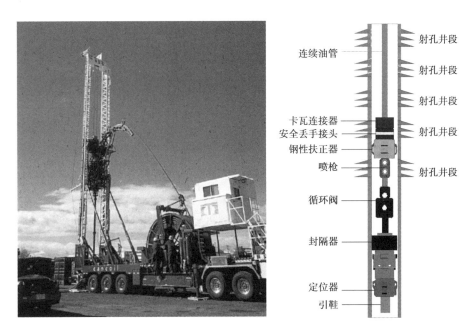

图 4.16　连续油管压裂作业示意图

连续油管水力喷射压裂技术是集连续油管喷射射孔、连续油管压裂、隔离技术一体化的新型复合型增产工艺,它是在打开套管的条件下通过连续油管注入低砂比携砂液,利用一个带喷嘴的喷射工具产生高速流体穿透套管、岩石,并在地层中形成孔洞,随后的高速流体直接作用于孔洞底部,产生高于地层破裂压力的压力,在地层中造出一条单一的裂缝。紧接着从连续油管、套管与连续油管的环空同时注入压裂液,对射孔目标储层进行水力压裂的增产改造工艺。首先对第一层段(最底部层段)压裂后,上提连续油管压裂管串,继续重复上述步骤及过程,对第二层段先后进行喷射射孔、压裂。之后,依次对上部各目标储层分别进行前述步骤及过程的作业,最终快速实现连续油管多层逐层压裂增产改造。

4.7.2　工艺特点

该工艺有 6 个方面的优点:一是在高速携砂液冲蚀作用下的喷砂射孔,可在套管、水泥环和岩石之间冲蚀出一条有效、清洁、较深远(理论计算可达 80 cm)的渗流通道;二是借助油套混注完成压裂作业,可由套管环空或油管添加支撑剂;三是利用连续油管或不压井设备带压上提油管,可以连续在一个井筒内的不同层段压裂出多条裂缝,能使纵向上多个储层段实现连续快速的逐层压裂增产改造,尤其适合直井多层压裂和水平井分段压裂;四是通过准确定位,单层压裂厚度可达 2 m,特别适应对薄互层改造;五是一天内可完成 2 ~ 4 层压裂,对纵向上多个储层段的压裂目标层,可大幅缩短试油和压裂周期,大大降低试油和压裂成本,对套管完成井,可节约射孔费用;六是可带底封,强化封堵效果。

该工艺的技术要点如下:

①该工艺需要连续油管技术、喷射射孔技术、连续油管压裂技术、分层封隔技术于一体应用。需要的施工配套设备类型多,除常规的压裂施工设备外,还需要连续油管、喷枪等设备和喷射射孔材料。该工艺在施工设计、施工组织及实施、设备配置等技术方面都比较复杂。

②要进行针对性的压裂设计与研究,包括连续油管匹配优选及其下深定位、喷枪结构以及材质的优化研究、连续油管压裂专用压裂液研究及其性能测定、喷砂射孔材料选择及砂浓度优化等。

③受喷枪材料限制、排量限制、射孔孔眼数量、反溅现象限制,使单个储层段的加砂量受到限制。该工艺对喷枪喷嘴的结构及材质要求高,陶瓷喷嘴有利于提高过砂量。

④对埋藏较深的油气藏,连续油管注入摩阻更高,注入排量更低。

⑤该工艺对连续油管下入深度的定位准确性、压裂液的降阻性能及抗剪切性能等方面有非常高的要求。聚合物压裂液更适合于喷射压裂,具有黏度恢复功能。

4.7.3 施工流程

(1)连续油管入井定位

①连续油管带喷射射孔环空压裂工具入井,下至距井底 20 m 后按照 5 ~ 8 m/min 速度下入。

②井底,至悬重下降 1 ~ 2 t 为探得井底,上提连续油管至遇阻点以上 10 m。

③按照 8 ~ 10 m/min 速度从井底上提连续油管至射孔点附近,并记录套管接箍定位器探得的接箍位置,根据探得的标套数据计算套管接箍定位器深度与实际深度变差,并校正。

④将连续油管下放至设计坐封位置。

⑤关闭井口出口闸门,泵车起泵对封隔器验封试压。

(2)喷砂射孔并顶替砂液

①倒换地面流程至射孔流程。

②启动一台压裂车,按照喷枪设计排量加砂喷射,喷射时间 15 min 以上,控制砂浓度100 kg/m³。

③完成喷射后停止加砂,继续泵注原液顶替射孔砂液至出口返出不含砂,停泵。

(3)环空测试地层吸液性

①倒换地面流程至压裂流程。

②设定最高限压 45 MPa,启动一台压裂车,泵注原液,测试地层吸液性,稳定排量测试 10 min 以上,压力未超限稳定提高测试排量。

③按照 1.2、1.6、2.0、2.7 m³/min 为台阶,每个排量阶段稳定测试 5 min 以上,至压力未超限且稳定后上提至新的排量测试,测试完成后停泵。

④若地层吸液性测试泵压超限,则停泵观察压力回落情况,获取稳定停泵压力,当压力稳定后降低泵注排量起泵测试,确定限压范围内的最大地层吸液能力。

(4)按泵注程序进行环空压裂

4.7.4 适应范围

该工艺适应埋藏较浅、纵向上储层段多而且有一定隔层厚度(超过 10 m)及单一储层厚度(超过 3 m)的油气藏,尤其适合于层间和层内干扰较大的油气藏。

第 **5** 章

水平井分级压裂工艺

5.1　裸眼滑套封隔器分级压裂

5.1.1　工艺原理

　　水平井裸眼分段压裂完井技术是将完井管柱和压裂管柱合并为一趟管柱一起下入,采用双向锚定悬挂封隔器悬挂扩张式裸眼封隔器、投球式喷砂滑套、压差式开启滑套以及坐封球座等工具下入井内,使用裸眼封隔器封隔水平段,实现压裂作业井段横向选择性分段隔离,根据压裂段数进行分段压裂,可以实现全井段完全压裂作业。通过对油气层进行选择性的改造,从而实现提高单井产量的目的,如图 5.1 所示。

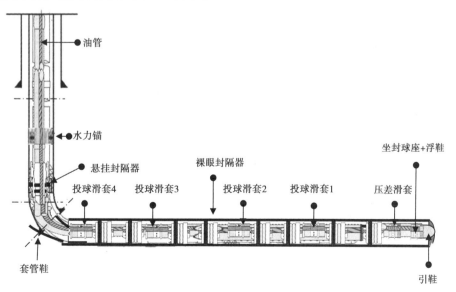

图 5.1　裸眼滑套封隔器分段压裂完井管柱示意图

5.1.2　工具结构及其在管柱中的作用

（1）悬挂封隔器

悬挂封隔器需要满足坐封悬挂可靠、丢手顺利等要求。该悬挂封隔器采用了双向卡瓦、液压坐封、液压和机械两种丢手方式，确保工具可靠性。

（2）插入密封

插入密封是油管回接时起到密封作用的关键工具，回接装置是否密封，直接影响压裂施工。为保证密封的可靠性采用短胶筒的密封形式。

（3）裸眼封隔器

进行裸眼水平井分段的工具是裸眼封隔器。把工具下到相应的位置后，利用在钻杆内打压，封隔器胶筒端面受压力变大，封隔器胀封，封闭油套环空。裸眼封隔器是实现地层封隔的关键工具，为达到裸眼封隔器下得去、封得住的工艺要求，保证施工的成功率，采用高温、高压胶筒，增大胶筒压缩比的扩张式裸眼封隔器。

（4）压差滑套

压差滑套是靠面积差实现其开启，压差滑套能否顺利打开直接影响压裂施工。为了满足施工要求，内部增加内锁紧机构保证滑套处于常开状态。通常，压力滑套放置在需要进行改造的最下面一段。

（5）投球开启滑套

投球开启滑套，向井内投送一个和投球滑套尺寸相匹配的球，送到设定的地方引起高压切断固定的销钉，内滑套向下滑动，这个层段的喷砂通道被打开，这个球在这个时候封锁向下的通道。

（6）低密度球

低密度球具有耐压高、耐冲击、耐高温，以及密度轻的特点，120 ℃的高温下承压可到70 MPa。

5.1.3　施工步骤

（1）井眼处理

清理套管上残留的结块，让压裂管柱更好地下到井里。刮管到套管鞋上部20 m处。如刮管不顺畅，在阻力大的井段反复刮削3～5次。刮管到底后循环泥浆，直到出口泥浆与钻井设计的泥浆性能基本一致。在回接筒处、套管变径处、水泥塞处、悬挂器坐封段反复刮至少3次。刮管器下放深度严禁超过套管鞋位置。

（2）通径规通套管

通径规通到套管鞋上部20 m处。通径规通径到位后循环泥浆，直到出口泥浆与钻井设计的泥浆性能基本一致。在回接筒处、套管变径处、水泥塞处、悬挂器坐封段慢速下放，遇阻不超过2 t。通径规下放深度严禁超过套管鞋位置。

（3）钻头通裸眼

钻头通裸眼，如果钻塞时已经通至井底，此步骤可省。钻头通裸眼到位后循环泥浆，直到出口泥浆与钻井设计的泥浆性能基本一致。钻头通裸眼过程中如有遇阻短起一次。通裸眼过程中如有遇阻，严禁超过5 t。

（4）单铣柱（1.2 m）通裸眼

①通井到人工井底。

②如通井不顺畅，在阻力大的井段反复活动 3 ~ 5 次。

③裸眼井段短起 1 次。

④通井过程中分段进行泥浆循环，直到出口泥浆与钻井设计的泥浆性能相同。

⑤通井到人工井底后用泥浆彻底循环。

（5）双铣柱通裸眼

①通井到人工井底。

②如通井不顺畅，在阻力大的井段反复活动 3 ~ 5 次。

③裸眼井段短起 1 次。

④通井过程中分段进行泥浆循环，直到出口泥浆与钻井设计的泥浆性能相同。

⑤通井到人工井底后用泥浆彻底循环。

⑥起至套管鞋投 45 mm 通径规，起至悬挂器位置称重。

（6）下入管柱丢手

假设把钻杆用来做生产管柱，那么就增大了成本，然而把生产油管柱接上压裂管柱入井的话，油管柱的强度就不够，遇到阻力时不好解决。将压裂管柱和钻杆一起下入，到达井底后丢手分离，再回插生产油管柱开始压裂施工。

（7）回插生产管柱实施压裂

压裂管柱接上钻杆下入井底，通过把球运送到坐封球座增大压力，这个时候，增大泵的压力让钻杆和压裂管柱分开，丢手之后降低压力取出丢手工具、钻柱。然而，坐封球座会把球锁住，投进去球跑不走。随后，把生产油管柱接上，外压差开启自循环阀、插入管、水力锚。把插管接上密封装配，在轴向上加 50 kN 的力，井口安装采气树，增大压力开启滑套开启，压裂第一层；投球把滑套 1 开启，压裂第二层；按次序投球，把剩下的层压裂。

5.1.4　工艺优缺点

（1）工艺优点

①压裂和完井一起进行，节省了费用和时间；很好地防止固井作业污染油气层。

②泵注时间短，压裂施工可以连续泵注，比其他压裂工艺的压裂时间少，加快返排时间，大大减少入井液对油层的伤害。

③工艺成熟，作业效率、成功率高。

④不需固井、射孔，节省费用。

⑤可实现压裂投产一体化，有利于快速投产并减少固井及压井过程中的污染和井控风险。

⑥地层与井筒之间渗流面积大，油、气入井阻力小。

（2）工艺缺点和不足

①裸眼封隔器无法验封，若管外隔离质量差，可能出现窜层或无法控制压裂目的层。

②无法准确控制裂缝起裂位置。

③对井眼质量和井壁稳定性要求高。

④井眼尺寸、管柱通径、级差选择对球尺寸的限制使压裂级数受限。

⑤排量与规模对球座的冲蚀有重要影响，限制了最小球座的尺寸大小，进而也使压裂级数受限。

⑥不适合大排量滑溜水、多簇相互影响体积压裂。

⑦有卡管柱、丢级(球坐封不上、滑套打不开)风险。

⑧段间距离太小则管柱下入困难。

⑨连续油管钻磨球座存在风险。

对油井,如果存在底水、裸眼段井眼穿过水层或距离水层很近,使用这个工艺会容易压穿水层,封隔器密封失效后易发生水淹油层,含水大幅度上升。

该工艺装置作为完井尾管悬挂,后期不容易起出或进行中途补救。

(3)可能出现的问题

①丢手压力过高,无法使用方钻杆、水龙带。

②井下回压反而失效。

③压差滑套提前打开。

④压差滑套提前打开,无法验封。

⑤工具无法下入或者下入困难。

⑥滑套打开压力太大,开启困难。

⑦冲蚀问题导致球座尺寸增大,无法憋压,导致滑套开启打开困难。

5.1.5 裸眼封隔器主要技术指标

①耐压差的能力一般为 50～70 MPa。

②井斜度原则上不大于 100°。

③井眼井径扩大率控制在 10% 以内。

④井下工具耐温达到 175 ℃。

⑤6″裸眼内分级压裂理论上可实现 24 级,见表 5.1。考虑最小的连续油管规格为 ϕ44.5 mm×5 500 m,最小球座通径为 1.675″,最小球直径1.8″,再考虑 1/8 的级差、油管最大通径 96 mm,最大球直径 3.5″,则最大级数为 16 级,见表 5.1。

表5.1 压裂级数与投球规格(24 级)

级数	1	2	3	4	5	6	7	8	9	10	11	12
投球尺寸/in	压力滑套	1.125	1.25	1.375	1.5	1.625	1.75	1.875	2.00	2.125	2.25	2.975
级数	13	14	15	16	17	18	19	20	21	22	23	24
投球尺寸/in	2.50	2.625	2.75	2.875	3.0	3.125	3.25	3.375	3.5	3.625	3.75	3.875

⑥8$\frac{1}{2}$″裸眼内采用 5$\frac{1}{2}$″工具串可分压 30 段;6″裸眼内采用 4$\frac{1}{2}$″工具串可分压 24 段;6″裸眼内采用 3$\frac{1}{2}$″工具串可分压 17 段。

5.1.6 适用条件及储层

裸眼封隔器水平段分级压裂改造工艺对气井分段压裂具有一定的适应性,这种封隔器在套管内和裸眼段都有较大的耐压差值,应用比较普遍。主要适用于地层比较坚硬,如砂岩和碳酸盐岩。然而,这个工艺的滑套不能重复开关,井筒不完整,不应该用在压后生产测试或其他需要重复作业的油气井。

5.2　射孔桥塞分级压裂工艺

5.2.1　射孔桥塞联作分段压裂工艺原理

水平井水力泵入式快钻桥塞压裂技术具有封隔可靠、分段压裂级数不受限制、裂缝布放位置精准的特点,它作为一项新兴的水平井改造技术,近年来在国外页岩气藏以及致密气藏开发中得到广泛应用。

该工艺的工具有加重杆、柔性短节、磁性定位器、压力安全防爆短接、射孔枪、桥塞坐封工具等。全部工具用电缆联合,桥塞和射孔枪依靠电缆正负点火进行运行。

该工艺适合套管固井完井的水平井。第一段用加压起爆射孔,剩下的层段用射孔桥塞坐封一起施工。压井作业装置由上到下为封顶器、防喷管、密封脂注入装置。射孔枪和桥塞坐封设施用电缆联合起来,工具放进设定的地方之后,点火让桥塞坐封和脱手封隔完成压裂的层段,上提射孔枪到设好的层段后点火射开地层,提出管串组合后,开始压裂。压裂完成后,让放喷压力降到井口 0 MPa,接着钻通桥塞,完成井眼全通径,或者等生产到一定程度再钻掉桥塞。

一般目的层水平井段每段射孔 3 ~ 6 簇,每射孔簇跨度为 0.46 ~ 0.77 m,簇间距 20 ~ 30 m,压裂施工结束后快速钻掉桥塞进行测试、生产。

5.2.2　施工步骤

①采用爬行器输送枪进行电缆射孔或采用油管传输射孔,射孔层位可能有几层。如果采用电缆射孔需要使用多级点火装置。射孔后,开始第一段主压裂,如图 5.2 所示。

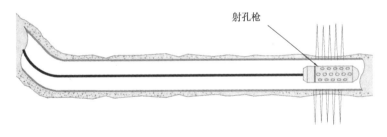

图 5.2　第一段射孔压裂

②完成第一段主压裂后,由于有了施工的层段,因此产生了流动通道,桥塞与射孔枪连接在一起,采用水力泵送方式输送桥塞和射孔枪。需要使用 8 mm 单芯电缆。点火坐封桥塞,丢手,上提射孔枪至预设位置,射孔,起出射孔枪和桥塞下入工具。第二段开始主压裂,如图 5.3所示。

③用同样的方式,根据下入段数要求,依次下入桥塞,射孔,压裂,如图 5.4 所示。

④钻塞。待压裂施工全部完成后,采用连续油管对所有复合桥塞进行钻磨。钻磨完所有桥塞后进行后续测试作业及排液投产。

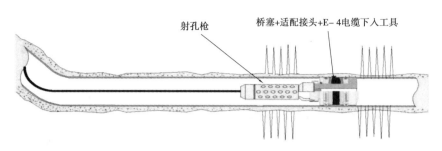

图5.3　第二段射孔压裂

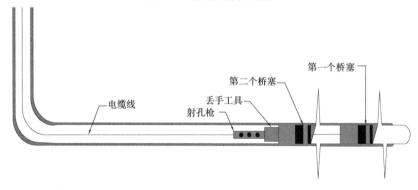

图5.4　射孔桥塞联作分段压裂管柱示意图

5.2.3　工具介绍

(1)可钻式桥塞

复合材料桥塞(图5.5)除锚定卡瓦和极少量配件外,均采用类似硬性塑料性质的复合材料制成,可钻性强。其密度较小,很容易循环带出地面,避免了常规铸铁桥塞磨铣后产生的金属碎屑沉淀。桥塞上下断面采用斜面尾翼啮合机理设计,防止钻磨桥塞时桥塞打转,可以连续钻除多个桥塞,实现水平井多段压裂。桥塞下端加入泵入环设计,提高了液体泵入效率,可以采用较小的泵注排量将工具串送入预定位置,最大限度地避免了泵送桥塞过程中对下层的过顶替现象。参数见表5.2。

图5.5　射孔桥塞样品

表5.2　复合材料桥塞技术参数

套管外径 /mm	适用套管壁厚 /mm	最大工具外径 /mm	耐温 /℃	耐压 /MPa
88.90	69.85	65.02	149	69
114.30	99.57～103.89	92.96	149	69

续表

套管外径 /mm	适用套管壁厚 /mm	最大工具外径 /mm	耐温 /℃	耐压 /MPa
114.30	95.35 ~ 97.18	91.31	149	69
139.70	118.62 ~ 125.73	111.00	149	69
177.80	154.79 ~ 163.98	147.32	149	69
244.48	216.79	209.55	149	55.2

（2）可溶解桥塞

针对传统可溶解桥塞中橡胶溶解过程中存在的问题,开发设计的新型压裂用可溶性桥塞分层分段工具(图 5.6),采用全可溶解材料制造,推动式密封设计,具有全尺寸可溶解、承压能力高(净压差 70 MPa)、尺寸小(<30 cm)、成本低、结构简单等特点。参数见表 5.3。

图 5.6　可溶解性桥塞样品

表 5.3　可溶解桥塞技术参数

规格 /in	外径 /mm	内径 /mm	总长 /mm	可溶球 /mm	套管内径 /mm	耐压 /MPa	剪切力 /kN	溶解时间 (50°,1% KCl)	适应温度 /℃
5.5	115	38	300	56	121.36 ~ 124.26	70	200	168 h	120
4.5	96	32	300	50	101 ~ 104	70	200	168 h	120

工作时,将可溶解压裂套管滑套通过中心连接轴将投送工具上的适配器与滑套尾座连接,送入投送工具推筒抵至滑套上锥体。采用电缆将滑套送至设计坐封位置,通过校深确定位置后,投送工具点火,坐封滑套,投送工具心轴受到火药柱产生气体压力失去,芯轴与推筒产生相对运动,使投送工具心轴带动滑套中心连接轴向上运动,中心连接轴带动尾座向上推动卡瓦、变径支撑环,投送工具推筒挤压滑套上锥体向下运动,最终变径密封环受到推压力,变径扩展密闭套管内腔,随着上下推力的增大,卡瓦延上锥体锥面向外扩展,最终嵌入套管内壁实现锚定。滑套完全坐封后,在投送工具心轴的拉动下,当拉力达到释放力后,滑套中心连接轴与尾座脱手,投送工具与滑套脱开,实现丢手。

压裂前,将可溶解球投送至滑套上锥体上端,封闭下部层段通道,对上部层段进行压裂施工,在放喷与生产过程中,可溶解滑套在井筒液体内自动溶解,从而实现全井筒内通径一致,不需要再进行传统的钻桥塞等作业。

（3）复合桥塞坐封配套工具

通电点火引燃火药,燃烧室产生高压气体,上活塞下行压缩液压油。液压油通过延时缓冲嘴流出,推动下活塞,使下活塞连杆推动推筒下行。外推筒下行,推动挤压上卡瓦,与此同时,反作用力使得外推筒与芯轴之间发生相对运动。芯轴通过中心拉杆带动桥塞中心管向上挤压下卡瓦。在上行与下行的夹击下,上下锥体各自剪断与中心管的固定销钉,压缩胶筒使胶筒胀开,达到封隔目的。当胶筒、卡瓦与套管配合完成后,压缩力继续增加将剪断释放销钉,使得投送坐封工具与桥塞脱开。

(4)井口防喷装置

由于射孔枪和工具推进过程中以及坐封和射孔时井口都是带压的,因此必须使用电缆井口防喷装置。防喷管内径应大于桥塞外径。

(5)多级点火装置

电缆射孔多级点火装置用于分级引爆射孔枪,只需要一个缆芯。装置装在射孔枪接头内,与下层射孔枪电路连通。下层射孔枪射孔后,井液压力推动开关杆向上运动,微动开关断开下层射孔枪线路,接通上层射孔枪线路。

5.2.4　工艺优缺点

(1)优点

①该工艺让每段形成3~6条的裂缝,大大干扰了裂缝间的应力,缝网变得复杂,改造体积变大,压裂更有效果。

②施工时间比较短,压后井筒全通径,方便油井后面的修护。

③可以大排量施工。

④分压段数没有特别要求。

⑤很快把桥塞钻掉,很好排出。

⑥下钻风险小,施工砂堵很好解决,基本不受井眼稳定性影响。

⑦电缆射孔,压裂裂缝起裂位置清晰,改造目标明确。

⑧底部封隔器封隔,能够进行验封,分段明确。

(2)缺点

①套管头和套管的抗压要好。

②使用电引爆坐封等配套技术要好。

③压裂施工用时长。

④施工用到的设备多,成本高。

⑤井的长度不能无限长。

⑥压裂过程中需要多次通井、射孔、钻塞作业,水平段长度与连续油管最大下深有关。

5.2.5　工艺技术指标

水力泵入式桥塞分段压裂技术工具耐温177 ℃、耐压差70 MPa,在西南、长庆等油田6″井眼、$4\frac{1}{2}$″套管固井条件下可实现1 350~1 500 m长水平段不限级数压裂。

5.2.6　适用条件

①需要大排量体积压裂的水平井。

②套管完井。

③16 级以上,尤其是 20 级以上。

④费用比裸眼滑套高。

⑤致密油储层、页岩气。

5.3　套管滑套固井分级压裂

5.3.1　工艺原理

该工艺是通过固井技术结合开关式固井滑套,从而形成的分段压裂完井工艺。该工艺是根据油气藏产层状态,将套管和滑套联合下到井下,固井,再通过投入憋压球、下入开关工具或飞镖等方式,按顺序把各层滑套打开,一层一层地进行改造,如图 5.7 所示。

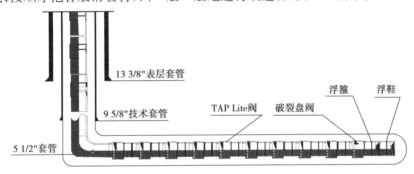

图 5.7　套管滑套固井压裂管串结构示意图

5.3.2　TAP 阀压裂完井系统

TAP 阀包括阀体、内滑套、活塞、C 形环等,当上一级阀体的压力传导至活塞腔时,活塞下行挤压 C 形环,形成球座,用来坐入井口投入的飞镖,隔离下一段。启动阀和中继阀在 TAP 完井系统中作用很特别。启动阀里面没有活塞和 C 形环,内滑套直接与飞镖形成密封,中继阀内滑套内径保持通径,靠上级阀体压力开启滑套,用于压裂较厚储层。

5.3.3　施工步骤

①根据产层,设定各固井滑套所处的位置。

②把滑套和套管管柱下到井中相应的位置,接着实施常规固井。

③打开第 1 级滑套压裂施工。

④压裂完第 1 级之后,封锁该级压裂通道,而后打开第 2 级滑套,对第 2 级施工,反复进行实现逐级多层分段压裂。

⑤所有层位压裂完成之后,放喷排液生产。

5.3.4　工艺优缺点

(1)优点

①和套管同时下入,不用射孔。

②没有用到额外的封隔器卡层,减少成本。

③压裂完成之后,套管要一直有通径,利于修井。

④用投球打开各级滑套,实现分级压裂,压裂段间作业衔接紧凑,压裂作业进度较快并可以实现连续压裂作业。

⑤压裂作业完成后,可以选择钻掉球座,为接下来的施工提供全通径井筒条件。

(2)缺点

①套管滑套内直径变化大,固井配件设计不简单。

②套管压裂不能用分级辖,全井段封固需要固井胶塞密封性好。

③不用射孔,要使用憋压憋穿水泥环,固井质量决定压裂施工能否顺利。

④滑套外径大,由于环空通道减少,滑套附近固井有影响,滑套外有水泥,初期压裂破裂压力较高。

5.3.5 主要技术指标

套管外径为 139.7 mm;滑套长度为 1 200 mm;滑套最大外径为 180 mm;滑套最小通径为 121 mm;工作温度为 150 ℃;耐压为 70 MPa;施工排量不小于 10 m³/min。

5.3.6 适用条件及储层

固井质量好和储层较厚需要大规模压裂改造时,可用套管滑套固井分段压裂工艺。

5.4 段内多缝分级压裂工艺

5.4.1 工艺原理

利用缝间封堵技术、段内转向技术,在一定的井段增多裂缝的数量以及密度让裂缝变得更复杂,让改造更加有效,有更大的有效改造体积。该工艺在施工过程中,暂堵剂颗粒会进入开发中的高渗透层或裂缝,在高渗透带形成滤饼桥堵。一方面,当井筒压力大于裂缝破裂压力差值时,后续的压裂液不流向高渗透带和裂缝,而是流向新裂缝层或高应力区,就会有新缝、新的支撑剂铺置方式,最后在水平单段内形成裂缝;另一方面,当高强度的暂堵剂进入已开启的裂缝或高渗透层时,因为其强度及封堵能力不是无限大的,所以没有那么容易打开较低渗透率的储层或新裂缝。但随着缝内静压力慢慢增大,裂缝端部的就地应力不一样了,让裂缝向别的方向伸展,这就明显让单缝变得没有那么简单了,大大提高了增产能力。

与常规分段压裂技术不同:常规分段压裂只能动用段内渗透高的层段,低级别渗透率层段则难于开启。而段内多缝体积压裂则可以有效动用不同渗透率级别的层段,也或许新开启的裂缝也处于高渗透层,从而提高单井产量和最终采收率。段内多缝分段示意图如图5.8所示,分段工具如图5.9所示。

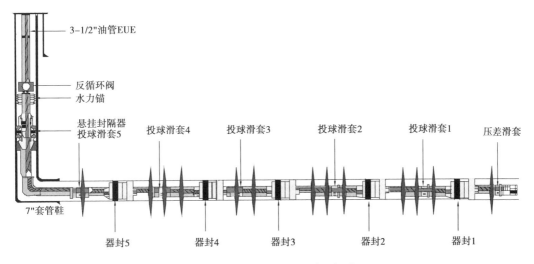

图 5.8　段内多缝分段压裂示意图

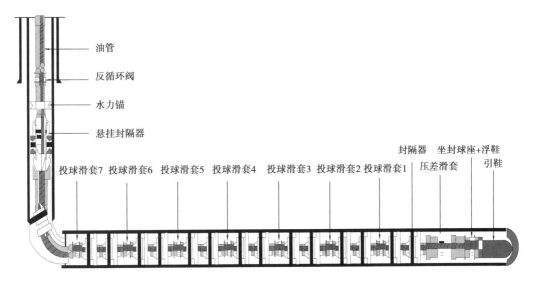

图 5.9　段内多缝分段压裂工具示意图

5.4.2　工艺技术优势

段内多缝体积压裂的主要特点及技术优势如下：

①在一个层段内压开多条裂缝,实现对目标层段的精细改造,提高单位水平井段的改造效率(一段压出两条以上裂缝)。

②自动开启填点,提高产量。根据断裂力学理论,水力裂缝总是从物性好、破裂压力低、抗张强度低的层段优先起裂,综合水平段测井解释曲线(包括随钻 GR 曲线)、岩石力学参数、破裂压力分析,结合缝间干扰理论确定段内产生次级裂缝数目。适合于非均质性强的储层。

③能在纵向上开发新层,增加了储层产出剖面。

④适应于很多地层,以及各种不同完井方式井的压裂改进,特别是在套变井、落物井上实

87

行多段压裂有很特别的优势。解决采用裸眼封隔器滑套系统不能压开更多裂缝的困境。

⑤与裸眼滑套分压工具结合,能够较大幅度地减少分段工具的下入数量,减少建井成本,降低施工风险。

⑥技术适用范围广,适合于常规和非常规油气藏套管或裸眼完井水平井。

⑦不受井眼条件限制,提高了长水平段的长度上限(常规分段受完井施工风险限制)。

⑧工艺操作过程简单,不会给压裂设备带来新的负担,基本无风险。

⑨施工结束后,多裂缝暂堵剂可完全溶解并返排,不造成新的伤害。

5.4.3 段内多缝分段压裂技术特点

(1)该工艺的优点

①提高单位水平井段的改造效率(一段压出两条以上裂缝)。解决采用裸眼封隔器滑套系统不能压开更多裂缝的困境。该压裂工艺大大增多了水平段裂缝的数量,段内改造规模比较大,增大油气井的初始产量,有利于长期稳产,达到区域体积改造,增大气井产量。

②与裸眼滑套分压工具结合,能够较大幅度地减少分段工具的下入数量,减少建井成本,降低施工风险,提高长水平段的长度上限(常规分段受完井施工风险限制)。

③适合于套管或裸眼完井水平井。

④工艺操作过程简单,不会给压裂设备带来新的负担,基本无风险。

⑤一段内可制造5条裂缝。

⑥该压裂工艺容易进行,适当改变暂堵剂成分的配比、颗粒的直径、施工的用量等,就能控制好封堵时间和封堵压力。

(2)该工艺的缺点

①需要停泵投入暂堵剂。

②无法准确控制裂缝起裂位置。

③转向剂的投注量需要经验确定。

5.4.4 适用条件及储层

①该工艺是基于裸眼滑套分段压裂工艺的基础上的改进,适用于地层比较坚硬的岩层,如砂岩、碳酸盐岩等。

②常规分级压裂管柱遇卡,大段裸眼无法改造时可采用。

③由于常规分段压裂工具的限制,无法分更多的层段,采用段内多缝技术与常规工具结合,很容易增加裂缝的条数,裂缝条数可达20条以上。

5.4.5 段内多缝案例

根据地质设计要求,对女深X9井段2 323.50～3 210.00 m下裸眼封隔器分6段进行加砂压裂改造,分段数据及参数见缝内转向部分。仅以第四段为例,说明段内多缝的设计。第一条裂缝施工完毕后,投入暂堵剂,在缝口转向,形成第二条裂缝。第四段2 750～2 600 m(滑套位置2 660～2 665 m)第一级压裂施工泵注程序(陶粒20 m³)见表5.4,第四段2 750～2 600 m(滑套位置2 660～2 665 m)第二级压裂施工泵注程序(陶粒15 m³)见表5.5。第一条裂缝施工完毕后,砂浓度为0 kg/m³时计量顶替,顶替完以0.5～1.0 m³/min排量将50 kg 5～8 mm

暂堵剂和 50 kg 100-20 目暂堵剂混合后替入高压管汇,然后用 14 m³ 原胶以 1.5 ~ 2.0 m³/min 排量将暂堵剂送达裂缝位置。

表 5.4　第四段第一级压裂施工泵注程序

序号	工序	液体	净液量 /m³	阶段砂液量 /m³	累计砂液量 /m³	排量 /(m³·min⁻¹)	砂浓度 /(kg·m⁻³)	阶段砂量 /m³	累计砂量 /t	备注
1	前置液 1	冻胶	20	20.0	20.0	3.0	—	—	—	—
2	段塞 1	冻胶	8	8.2	28.2	3.3	80	0.4	0.6	20/40 目陶粒
3	前置液 2	冻胶	20	20.0	48.2	3.3	—	—	—	—
4	段塞 2	冻胶	15	15.7	63.9	3.5	120	1.1	2.4	20/40 目陶粒
5	前置液 3	冻胶	20	25.0	88.9	3.5	—	—	—	—
6	携砂液 1	冻胶	13	13.6	102.5	3.5	120	1.0	4.0	20/40 目陶粒
7	携砂液 2	冻胶	15	15.9	118.5	3.5	160	1.5	6.4	20/40 目陶粒
8	携砂液 3	冻胶	17	18.4	136.9	3.5	220	2.3	10.1	20/40 目陶粒
9	携砂液 4	冻胶	19	21.0	157.9	3.5	280	3.3	15.5	20/40 目陶粒
10	携砂液 5	冻胶	21	23.6	181.5	3.5	320	4.2	22.2	20/40 目陶粒
11	携砂液 6	冻胶	11	12.6	194.1	3.5	380	2.6	26.4	20/40 目陶粒
12	携砂液 7	冻胶	8	9.3	203.4	3.5	420	2.1	29.7	尾追覆膜陶粒
13	携砂液 8	冻胶	5	5.8	209.3	3.5	440	1.4	31.9	尾追覆膜陶粒
14	顶替液	基液	12.7	12.7	222.0	3.5	—	—	—	—
15	合计		204.7	222.0	222.0	—	—	20.0	—	—

表 5.5　第四段第二级压裂施工泵注程序

序号	工序	液体	净液量 /m³	阶段砂液量 /m³	累计砂液量 /m³	排量 /(m³·min⁻¹)	砂浓度 /(kg·m⁻³)	阶段砂量 /m³	累计砂量 /t	备注
1	前置液 1	冻胶	20	20.0	20.0	3.0	—	—	—	—
2	段塞 1	冻胶	8	8.2	28.2	3.3	80	0.4	0.6	20/40 目陶粒
3	前置液 2	冻胶	20	20.0	48.2	3.3	—	—	—	—
4	段塞 2	冻胶	15	15.7	63.9	3.5	120	1.1	2.4	20/40 目陶粒
5	前置液 3	冻胶	20	25.0	88.9	3.5	—	—	—	—
6	携砂液 1	冻胶	13	13.6	102.5	3.5	120	1.0	4.0	20/40 目陶粒
7	携砂液 2	冻胶	15	15.9	118.5	3.5	160	1.5	6.4	20/40 目陶粒
8	携砂液 3	冻胶	17	18.4	136.9	3.5	220	2.3	10.1	20/40 目陶粒
9	携砂液 4	冻胶	19	21.0	157.9	3.5	280	3.3	15.5	20/40 目陶粒

序号	工序	液体	净液量 /m³	阶段砂液量 /m³	累计砂液量 /m³	排量 /(m³·min⁻¹)	砂浓度 /(kg·m⁻³)	阶段砂量 /m³	累计砂量 /t	备注
10	携砂液5	冻胶	21	23.6	181.5	3.5	320	4.2	22.2	20/40目陶粒
11	携砂液6	冻胶	11	12.6	194.1	3.5	380	2.6	26.4	20/40目陶粒
12	携砂液7	冻胶	8	9.3	203.4	3.5	420	2.1	29.7	尾追覆膜陶粒
13	携砂液8	冻胶	5	5.8	209.3	3.5	440	1.4	31.9	尾追覆膜陶粒
14	顶替液	基液	12.7	12.7	222.0	3.5	—	—	—	—
15	合计		204.7	222.0	222.0	—	—	20.0	—	—

5.5　水力喷射分级压裂

按照伯努利方程,把动能转为压力能,油管流体加压后从喷嘴喷射出来的高速射流在地层中射开缝,从环空注入液体使井底压力刚好小于裂缝延伸压力,射流出口周围流体速度最高,其压力最低,环空泵注的液体在压差作用下进入射流区,与喷嘴喷射出的液体一起被吸入地层,让裂缝向前延伸。由于井底压力刚好小于裂缝延伸压力,压裂下一层段时,已经压开层段不会再继续延伸,因此,不需要封隔器与桥塞等隔离工具,实现自动封隔,如图5.10所示。

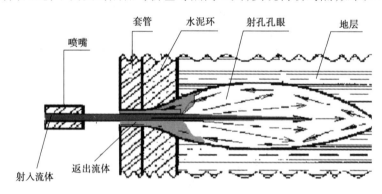

图 5.10　水力喷射示意图

5.5.1　不动管柱水力喷射分级压裂工艺

(1)工艺原理

该工艺通过提前下入滑套式水力喷射工具,压裂施工时一级一级地打开相应层段滑套,根据水力喷射分级原理只对该层段实施改造,完成该级改造后投球封堵该级通道及打开上级滑套,进行上级的改造作业,不断重复该过程,完成整个水平井的分段改造,如图5.11所示。

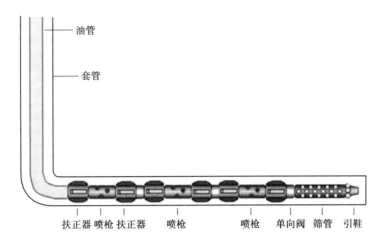

图 5.11　不动管柱水力喷射分段压裂示意图

（2）施工步骤

①工具到井,丈量尺寸。

②用通井规通井到人工井底。

③把喷射工具送到设定的位置。

④电测校深,调整管柱位置。

⑤安装压裂井口。

⑥反替压井液,全井充满防膨液。

⑦压裂车排空、试压。

⑧压裂第一段。

⑨投球转层,压裂第二段。

⑩开井放喷,排液、测试。

（3）工艺优缺点

1）优点

①该工艺包含了射孔、压裂、隔离,用高速流体穿透套管、岩石,形成孔眼。

②适合实行分开层段、分段的作业,不要进行机械封隔。

③能很精确地造出裂缝,很好地隔离,利用一趟管柱就可以达成多段压裂。

④管柱不复杂,成本不高。

2）缺点

①喷嘴的泵注排量受到一定的限制,加砂规模也就受到限制。

②在喷嘴之间没有地层隔开,不是真正的分段。

③对全井段有可能不能按设计实际完成加砂压裂施工。

5.5.2　拖动管柱水力喷射分级压裂工艺

（1）工艺原理

该工艺通过连续油管拖动底部封隔器和水力喷射射孔工具,根据伯努利原理,用连续油管泵注携砂液体,经喷枪喷嘴节流将射孔液的压能转为动能对套管喷砂冲蚀射孔,然后从套管与连续油管间的环空泵注压裂液进行环空加砂压裂,利用工具串底部封隔器进行转层,重复射孔、压裂后续层段,如图 5.12 所示。

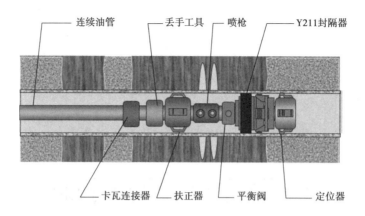

图 5.12 水力喷砂分段拖动压裂示意图

水力喷射压裂技术适合套管完井、筛管完井、裸眼完井的水平井。该工艺施工风险很小，一趟管柱能压裂多条裂缝，水力喷射工具可以与常规油管一起下入，也能够与大直径连续油管连接，缩短施工时间。国内外有很多页岩油气井、致密油气井使用了该工艺加砂压裂。2000年在巴奈特页岩气藏应用了该项技术，成功进行了一口井43级分段压裂试验。

（2）施工步骤

①定位。

②射孔液有了足够的排量后加入石英砂射孔。

③射开套管后，进行反复清洁井，把石英砂和射孔液排出去。

④开始主压裂。

⑤施工完成，解封封隔器，按设定进入下一层后，投入坐封封隔器，第二层施工。按照这个步骤压裂所有层段后，提出连续油管。

（3）工艺优缺点

1）优点

①作业时间短。

②一次下管柱逐层压裂的段数多。

③减小摩擦阻力，提高排量，环空压裂可大大提高喷嘴寿命。

④降低了对压裂液的性能要求。

2）缺点

①油层打开程度较低，产出渗流摩阻较大。

②套管抗内压要求较高。

5.5.3　水力喷砂工具结构及其在管柱中的作用

（1）喷射器

喷射器包括喷射器本体和喷嘴。喷嘴产生高速射流，射开套管和地层，压开地层，实现射孔、压裂施工一体化。通过大量的室内实验和科学计算，得到最优的喷嘴结构。由地面投球到滑套球座上，加压剪断销钉，让滑套下移至喷枪座内，露出喷嘴，密封下部管柱，开始压裂。研制了适用于 $4''$、$5\frac{1}{2}''$、$7''$套管的系列化喷枪。喷枪类型有三眼喷枪、四眼喷枪、六眼喷枪、八眼喷枪。喷嘴尺寸有 $\phi4.5$ mm、$\phi5.0$ mm、$\phi5.5$ mm、$\phi6.0$ mm。

（2）液压扶正器

液压扶正器是水力喷砂射孔压裂中的扶正机构，它保证施工时各个喷嘴的喷距相同，同时具有锚定管柱的作用，可提高射孔效率。

（3）单流阀

单流阀保证施工过程中油管中液体只从喷射器喷嘴中喷出，并且，可以进行反循环洗井。

（4）筛管

筛管在反循环洗井过程中不让一些大杂物进入油管，堵塞喷嘴，为反循环洗井提供更大的过流通道。

（5）堵头

下管柱时，堵头起着导向作用及封堵油管。

（6）封隔器

通过封隔器实现封隔有效性的"双保险"，其主要结构包括上接头、中心管、胶筒座、胶筒、滤网套及下接头。

5.5.4　水力喷砂分段压裂技术指标

目前，针对油气田分别形成的两套工艺技术指标如下：

（1）油田拖动管柱水力喷砂分段压裂技术

①工艺管柱耐温 90 ℃、耐差 60 MPa。

②一趟管柱可连续压裂 4 段。

③单喷嘴最大加砂量 40 m³。

（2）气田不动管柱水力喷砂分段压裂技术

①工艺管柱温 120 ℃、耐压差 70 MPa。

②一趟管柱可连续压裂 10 段。

③单喷嘴最大加砂量 40 m³。

5.5.5　水力喷砂分段压裂适用条件及储层

①喷嘴节流作用明显，泵注压力比一般的压裂约高 20 MPa，不适于深井压裂。

②适用于新井改造。

③大斜度井、水平井分段。

④完井方式上，可应用于裸眼完井、筛管完井、套管完井，油田主要应用于 $5\frac{1}{2}''$ 套管井，气田应用于 $4\frac{1}{2}''$ 套管井和 6″裸眼井。

第 6 章

CO_2 干法压裂

6.1 CO_2 干法压裂原理

CO_2 干法压裂采用纯液态 CO_2 或者 N_2/CO_2 泡沫作为压裂液,实现无水压裂。其显著特点是不含任何的水相,在施工过程中避免了水相侵入地层,从根本上消除了外来水相对低压、低渗、水锁、水敏地层的二次伤害。CO_2 干法压裂主要利用 CO_2 超临界流状态的优势,具有极强的穿透能力,对细小孔喉具有疏通作用。在页岩气、煤层气中,CO_2 具有置换甲烷分子的特点,可以提高解析速度和解析效率。

一般情况下,CO_2 在地面和井筒中处于液态,在地层中处于超临界状态。CO_2 干法压裂能够提高解析速度和解析效率。

6.1.1 纯液态 CO_2 干法压裂技术特点

(1)技术优点

①避免水相进入地层,消除了储层伤害。

②较强的裂缝穿透能力。超临界 CO_2 具有高密度、低黏度、低表面张力、高扩散系数等优点。在 40 MPa,60 ℃时,其黏度约为 0.02 MPa·s,密度与液态 CO_2 接近。当排量相同时,超临界 CO_2 流体在裂缝内的压降明显比压裂液的压降小得多。对比压裂液,超临界 CO_2 流体在裂缝中压力损失比较少,体现出超临界 CO_2 流体的巨大优势。

③置换作用。对气井,CO_2 和天然气的主要成分相同,可以被储层如页岩层和煤层吸附。然而,CO_2 分子与储层的吸附能力强于 CH_4 分子与储层的吸附能力。此外,超临界 CO_2 很容易在储层孔隙中流动,它可以置换被吸附的 CH_4 分子,使吸附状态的 CH_4 变成游离状态,使气井投入生产后可长期保持高产率。

④提高脆性指数作用。研究地层条件下 CO_2 对致密砂岩岩石力学性质影响最有效、最直观的方法之一的实验是高温高压三轴实验,前人开展的拟三轴岩石力学实验研究是将超临界 CO_2 浸泡与岩石力学性质测试分离进行。受流体影响的岩石力学参数见表 6.1。

表 6.1　受流体影响的岩石力学参数

岩心编号	流体	杨氏模量/GPa	泊松比	抗压强度/MPa	脆性指数
1-1	无	23.34	0.32	160.0	0.516 92
1-2	H_2O	23.73	0.42	153.3	0.600 40
1-3	SC-CO_2	22.04	0.49	135.5	0.790 14

CO_2 环境下,其脆性指数增加,在超临界 CO_2 环境下脆性指数提升幅度要比水更为显著,提升近 53%。根据北美页岩气水平井的压裂经验,当碳酸盐岩脆性指数大于 40% 时,有利于形成复杂裂缝网络。

温度对超临界 CO_2 下岩样岩石力学性质的影响见表 6.2,当温度处于 50～70 ℃时,超临界 CO_2 对岩样的杨氏模量影响较小;当温度为 100 ℃左右时,超临界 CO_2 不但会显著提高岩样的杨氏模量,还会降低岩样的泊松比,提高岩样的抗压强度,降低岩样的脆性指数。

表 6.2　受温度影响的岩石力学参数

岩心编号	温度/℃	杨氏模量/GPa	泊松比	抗压强度/MPa	脆性指数
2-1	50	22.04	0.49	135.5	0.790 147
2-2	70	22.11	0.36	138.7	0.520 267
2-3	100	32.99	0.41	261.8	0.475 863

⑤缝网制造作用。超临界 CO_2 压裂液具有黏度低、扩散性强、表面张力接近零的特点。它容易渗透到较小的孔隙和微裂缝中,有利于微裂纹网络状裂缝的形成,大大增加了渗流面积,有效地取代了储层中的油气,从而提高了油气藏的采收率,尤其特别适合页岩气的增产改造和有效开发,如图 6.1 所示。

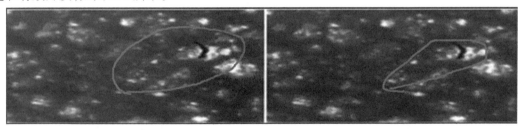

图 6.1　模拟地层条件下 CO_2 微观驱替实验过程

基于前者的现场试验,井下温度压力数据表明,压裂、关井、放喷过程中 CO_2 都处于超临界状态(图 6.2)。超临界 CO_2 压裂改造裂缝能力比常规水基压裂效果好得多(图 6.3、图 6.4)。

⑥降黏解堵。对油井,压裂导致 CO_2 进入储层并在地层温度下快速蒸发,溶解在原油中并大大降低其黏度。同时,储层中的 CO_2 和水产生碳酸。饱和 CO_2 水溶液的 pH 值为 3.3～3.7,腐蚀性较小。当饱和 CO_2 的 pH 值升高到 4.5 以上时,它可以与储层中存在的黏土矿物相互作用,达到较高的排液速度,可以携带大量的固体颗粒和残留物,这将大大提高裂缝的引流能力。根据吉林油田原油饱和后 CO_2 的黏度变化情况(表 6.3)可以知道,黏度的降低改善了油水比,增加了油相渗透性,并增加了原油的流动性。

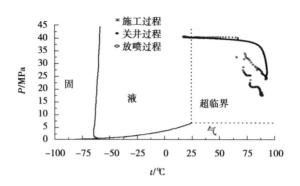

图 6.2 现场施工过程井底 CO_2 相态变化

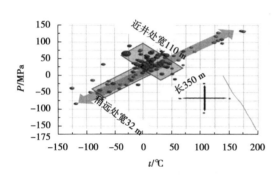

图 6.3 CO_2 压裂改造体积

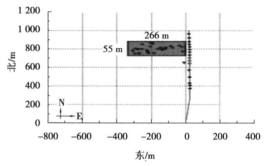

图 6.4 常规水基压裂改造体积

表 6.3 吉林油田原油饱和后 CO_2 的黏度变化情况

油样来源	地层压力/MPa	地层温度/℃	CO_2 溶解度 /($mol \cdot L^{-1}$)	体积膨胀倍数	黏度降低幅度/%
H87-2	21.20	101.6	48.30	1.23	56.70
乾安	18.50	76.0	45.90	1.27	58.40
H59	24.20	98.9	63.96	1.47	63.20
H79	23.11	97.3	63.58	1.41	59.62

⑦压后增能。CO_2 的可压缩性使其具有储存能量的能力,除了形成具有一定导流能力的裂缝外,当 CO_2 进入储层时,它迅速被加热并溶解在原油中,增加了溶解气体驱的能量,并提升了液体举升的能力,比常规的水基压裂效果更好。超临界 CO_2 具有很强的扩散能力,它会在高压下渗透到孔隙和微裂缝中,降低地层的破裂压力,最后穿孔的压力将超过地层的破裂压力,地层将裂开并延伸到周围。用混砂车将液态 CO_2 和支撑剂混合物泵入连续油管,最终进入地层裂缝。根据前者在吉林油田优选的 H8 区块致密油层,分别开展了 CO_2 压裂和常规水机压裂液效果比较,见表 6.4。

表 6.4　CO₂ 压裂与常规水基压裂效果比较

井号	排量 /(m³·min⁻¹)	原始地层压力 /MPa	地层压力测压 /MPa	单位液量地层压力上升 /(MPa·10⁻³m⁻³)
H1	2.4 ~ 3.3	22.11	24.39	3.94
H2	12 ~ 8	22.05	25.36	2.13

注:H1 采用 CO_2 压裂工艺,液量为 573 m³;H2 采用常规水基压裂工艺,液量为 1 508 m³。

由表 6.4 可知,H1 井注入 573 m³ 液态 CO_2,地层压力从原始的 22.11 MPa 提高到 24.39 MPa;而 H2 井常规水基压裂液,地层压力从原始的 22.05 MPa 提高到 25.26 MPa。从单位液量地层压力增幅来说,液态 CO_2 效果更好,为单位液量常规水基压裂液增幅的 1.9 倍。

(2)技术缺点

①在泵注过程中,砂浓度对排量很敏感。井下压力测试显示出施工过程中有"端部脱砂"现象,这说明尽管地面砂浓度较低,但是裂缝中的砂浓度很高。

②缝宽较小。

③纯液态的 CO_2 没有造壁能力,其造壁滤失系数 C_W 基本上是无限大的,但其滤失受滤液的热膨胀效应以及其他一些可能因素的控制。

④CO_2 以液态在低温下泵送到井底,在裂缝中受热以及滤失到地层后汽化,依赖泵注压力和储层温度,这个过程可以接近临界点。

⑤裂缝体积很小而滤失很快,国外现场统计表明,裂缝闭合时间非常短(0.5 ~ 1.5 min),这说明了其对泵注排量的敏感性。

(3)纯液态 CO_2 压裂液流动特性

进行不同温度、压力、流量条件下 CO_2 单相流体的管流试验,取得了不同条件下的黏度、摩阻、对流换热系数等的实验数据。通过对实验数据的处理和分析,形成了 CO_2 流体性质计算的关系式。

1)各因素对液态 CO_2 摩阻的影响

CO_2 的管路摩阻对排量最敏感。随着排量的增大,剪切速率和黏滞阻力变大,流体层与层之间的动量交换及黏性耗散增加,摩阻快速上升。CO_2 的摩阻随温度的升高而下降,主要是其黏度随着温度的升高而下降。CO_2 的摩阻随着压力的上升而上升,但是压力对摩阻的影响没有流速和温度的影响大。

2)各因素对液态 CO_2 沿程阻力系数的影响

随着压力增大,液态 CO_2 沿程阻力系数增大。随着温度和流量的增大,液态 CO_2 沿程阻力系数逐渐降低。

3)温度和压力对液态 CO_2 黏度的影响

液体 CO_2 为牛顿流体,其黏度不随剪切速率的变化而变化。液体 CO_2 的黏度随温度的升高而下降,随压力的上升而增大。

6.2 干法压裂关键技术

6.2.1 CO_2 密闭混砂装置

CO_2 干法压裂以液态 CO_2 携砂来实现压裂改造。常规压裂用混砂装置工作状态为常温、常压、开放式,不能满足 CO_2 干法加砂的要求。满足液态 CO_2 条件的耐低温、耐压的密闭混砂装置是实现 CO_2 干法压裂的核心装置。该装置必须满足密闭混砂、带压输送携砂液以及精确的控制功能。

川庆钻探公司通过攻关研究,研制出国内首个密闭混砂装置,进行了现场试验并取得成功。研制的 CO_2 密闭混砂装置达到的技术指标和参数:最大输砂速度 $0.5~m^3/min$,工作压力 $2.5~MPa$,工作温度 $-30~℃$,有效容积 $8~m^3$,具备数据实时采集、记录能力,满足远程集中控制要求。

6.2.2 CO_2 增黏技术

液态 CO_2 黏度小,需通过对液态 CO_2 增黏来满足携砂要求。液态 CO_2 为非极性分子,常规增稠剂无法实现 CO_2 增黏,需要开发特殊结构的增黏剂产品。国外主要采用表面活性剂和氮气协同增黏。

川庆钻探公司通过攻关研究,开发了一种油溶性聚合物增黏剂。该聚合物分子长链在超临界 CO_2 中相遇后,缠绕在一起形成网状结构,从而大大地提高了体系的黏度。在增黏剂加量 $0.81\% \sim 5\%$ 条件下,超临界 CO_2 黏度可提高到 $2 \sim 15~MPa \cdot s$,提高了 $100 \sim 750$ 倍。

6.2.3 CO_2 干法压裂现场施工装备配套及流程

CO_2 干法压裂主要装备包括压裂泵车、CO_2 密闭混砂装置、CO_2 增压泵车、增黏剂注入装置、CO_2 储罐、液氮泵车、液氮储罐、仪表车、高/低压管汇等。

（1）增压设备

在饱和蒸气压力下,在较长时间内运输和储存在罐中的液体 CO_2 通常处于临界平衡状态。这种状态下的液体 CO_2 相态难以控制,少量的热吸收和减压会导致大量的液体 CO_2 汽化。在 CO_2 的无水压裂过程中,CO_2 增压装置使处于临界平衡状态的液体 CO_2 在压力下超过临界平衡压力,即使在整个地面过程中从外面吸收一部分热量,它也可以保持液态。CO_2 的汽化作用由于吸收热量减弱,CO_2 压缩设备起到下游压裂泵流体供应的作用。在国外类似的建筑中,高压 N_2 也被用来进入 CO_2 储罐的气相,以达到加压的目的。

随着 CO_2 无水压裂技术的发展,烟台杰瑞开发了一种大排量 CO_2 增压器,以满足运行规模和成本考虑。该设备包括增压泵系统、气/液分离系统、进出水系统和本地/远程控制系统。增压泵注入系统配备两个离心式 CO_2 增压泵,将设备总排水量增加到 $18~m^3/min$,排水量达到进口设备的 7 倍,扬程达到 70 m,完全能满足大规模运行的工艺要求,如图 6.5 所示。

（2）专用带压混砂设备

烟台杰瑞开发了一种特殊的压力混合混砂装置,主要用于 CO_2 无水压裂。其基本设计思

图 6.5　液态 CO_2 增压设备示意图

想是将支撑剂预先储存在液态 CO_2 的高压和低温环境中。当泵送预流体时,支撑剂和压裂液通过阀门分离。当需要泵送携带砂子的液体时,阀门将打开,同时支撑剂通过可计量输送装置添加到液体 CO_2 中。使支撑剂与导管中的液态 CO_2 混合。

目前,烟台杰瑞已开发出 3 种特殊的压力混合混砂设备,分别是车载立式罐式、车载卧式罐式和撬装立式罐式。以车辆立式油箱为例介绍这种设备的主要结构和工作原理。如图 6.5 所示为车载立式液态 CO_2 带式压实搅拌机的结构示意图。其结构包括专用底盘、液压系统、支撑剂低温储罐、翻转升降系统、称重仪、搅拌机和储罐支撑机构。支撑剂低温储罐用于储存预冷压裂支撑剂,储罐有效容积为 25 m^3,罐的工作压力为 2.5 MPa(-40 ℃)。

在加砂压裂作业的混合过程中,液体 CO_2 通过 CO_2 液相管道注入罐中,罐中的支撑剂被更换,同时确保液箱底部的液体 CO_2 渗入支撑剂和罐中的压力。压力总是与管道保持平衡的压力有关。所述支架按程序浓度比送至下游混合器,并与混合器内的高速液体 CO_2 均匀混合,形成含砂液体的泥质悬浮状态。然后送至高压抽油机,最后通过高压活塞泵注入目标油层。在整个工作过程中,放射性密度计可以实时监测携带砂子的液体浓度并进行反馈。通过反馈数据,使混砂自动控制系统能够及时修正进料机的转速,从而达到准确控制 CO_2 砂浓度的目的。

(3)远程数据监视及远程控制系统

在 CO_2 无水压裂过程中,地下管道和设备始终处于低温高压环境中。为了保证施工人员的安全,对整个井场的实时监控和远程集中控制是必然要求,即实现无人化作业现场。无人化作业现场集中监控程序由 4 个部分组成,即设备监控系统、控制系统、数据采集系统和安全监控系统。

设备监控系统主要监控施工设备的运行状况,保证施工的连续性和稳定性。液态 CO_2 的相变对液态 CO_2 加砂压裂过程中的结构有很大的影响。当液态 CO_2 的环境压力低于相应温度下的饱和蒸气压时,液态 CO_2 开始汽化,汽化过程从液态 CO_2 吸收大量热量,导致液态 CO_2 的温度在短时间内降低到相应的压力。在冰点,固体 CO_2 在相应压力的冰点形成,俗称干冰(当环境压力小于 0.8 MPa 时,通常会形成干冰的危险)。在运行过程中,如果突然的压力损失所形成的干冰会堵塞工作管道和设备,施工将会中断。需要安装远程设备监测系统,通过在设备的关键点安装压力和温度传感器,实时监测施工过程,并设置压力和温度警报。

控制系统包括对加压设备的遥控、对加压混合设备的遥控、对压裂泵的遥控和对高压和井口管道的遥控。遥控是无人井场的核心部分。该系统是在局部电子控制液压系统的基础上实现的。由局域网配置的远程信号指令自动调整设备的操作参数。为了保证施工安全,它具有完整的自动控制功能,包括气液液位自动控制、砂自动控制、增稠器自动加注和压力自动控制系统。除了独立于全自动控制功能外,还需要全自动保护系统,包括主流砂控系统、低压部分的超压保护系统、高压部分的超压保护系统。自动控制系统保证了系统运行的可靠性和施工的安全性。

数字采集系统扩大了常规压裂数字采矿系统采集参数的范围,提高了地面设备的压力、温度、流量、砂量和附加量的实时采集。收集这些数据可以帮助工艺和施工人员了解液体 CO_2 的物理特性和精确控制砂浓度。这对改进工艺、提高运行水平、改进设备都是非常有利的。

安全监测系统包括但不限于井场地区的环境安全监测。它是保护井场和井场周围人员和动物安全的支撑系统。它包括气体浓度监测系统和视频监测系统。

(4)施工流程

超临界 CO_2 非密闭式压裂工艺是以液态 CO_2 和可交联双极性或无水非极性压裂液作为工作液,在常规水力压裂车组的基础上,通过对压裂泵车上水室、密封件等更换和配置 CO_2 增压泵以及配套的低温低压管线与管汇、CO_2 现场储罐、CO_2 高压加热装置、CO_2 现场捕集回收装置等,即可实现超临界 CO_2 压裂施工。采用 CO_2 端和加砂端相互独立的地面流程,通过速溶、高效的 CO_2 减阻剂和特殊的可交联双极性或无水非极性压裂液,实现全程 CO_2 高效减阻和在常压混砂车条件下的混砂、携砂,大大简化超临界 CO_2 压裂工艺对设备的要求,提高施工的可操作性和安全性,提高施工成功率,压后 CO_2 和无水非极性压裂液可回收多次重复利用,降低整体开发成本。地面布置图如图6.6所示。超临界 CO_2 非密闭式压裂工艺对页岩油气、双重介质致密油气储层、强水敏凝析气藏、盐间油气藏、缝洞型-裂缝型碳酸盐岩储层等,具有良好的适应性和很好的增产效果。该技术可以完全无水或大幅度减少压裂用水,但压后效果却 2~5 倍于水基(体积)压裂。

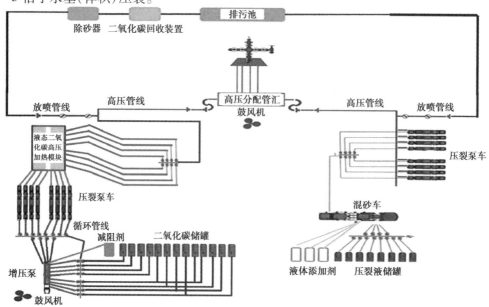

图6.6 CO_2 压裂地面布置图

6.3　CO_2 干法压裂实例

6.3.1　干法压裂(不加砂)

为了评价 CO_2 干法压裂在低渗透油气藏中的增产潜力,2005 年以来,在鄂尔多斯盆地低压、低渗、水锁、水敏储层开展了 CO_2 干法压裂(不加砂)现场试验。

2005 年 7 月在长庆气田 B-1 井进行了 CO_2 干法现场试验。该井气层段 2 802.5 ~ 2 806.8 m,基质渗透率 3.917 mD,孔隙度 6.9%,含气饱和度 74.3%;射孔段为 2 803.0 ~ 2 807.0 m,采用 102 射孔枪、127 射孔弹,孔密 16 孔/m,相位角 60°。

①压裂井口:KQS105/65 下悬挂式采气井口,耐压 105 MPa。

②压裂方式:纯液态 CO_2 通过 3.5″和 25″组合油管注入。

③入地 CO_2 量:131.1 m^3。

④施工排量:2.5 ~ 3.0 m^3/min。

⑤破裂压力:27.7 MPa。

⑥施工压力:23.6 ~ 76.3 MPa。

⑦停泵压力:22.7 MPa。

该井压后获得无阻流量为 6.395 9 $\times 10^4$ m^3/d,产气 1.5 $\times 10^4$ m^3/d,达到了增产改造的目的,施工工艺一次成功。

试验结果表明,纯液态 CO_2 具有造缝能力,无支撑裂缝也可以获得一定的增产效果。但未加入支撑剂,裂缝导流能力较低,缝长较短,增产幅度相对较低。

6.3.2　干法加砂压裂

2013 年在苏里格气田 B-2 井进行了 CO_2 干法加砂压裂试验。该区储层物性差(渗透率 0.1 ~ 1.6 mD,孔隙度 5% ~ 10%,储层温度 90 ~ 110 ℃)、地层压力低(压力系数 0.77 ~ 0.91)、强水锁伤害、中等水敏伤害。其储层物性参数见表 6.5。

表 6.5　B-2 井储层基本参数表

井号	层位	厚度 /m	时差 /($\mu s \cdot m^{-1}$)	密度 /($g \cdot cm^{-3}$)	泥质含量 /%	孔隙度 /%	基质渗透率 /mD	含气饱和度 /%	解释结果
B-2	山1	4.0	256.9	2.44	3.75	13.99	1.179	66.0	气层
	山1	4.8	232.6	2.54	3.51	9.04	0.4	55.6	含气层

①压裂井口:KQS105/65 下悬挂式采气井口,耐压 105 MPa。

②压裂方式:纯液态 CO_2 通过 3.5″和 2.5″组合油管注入。

③入地 CO_2 量:254 m^3。

④施工排量:2.0 ~ 4.0 m^3/min。

⑤加砂量:2.8 m^3。

⑥砂比:3.5%。

该井经 CO_2 干法加砂压裂后无阻流量达到 $2.7 \times 10^4 m^3/d$,与邻井相比取得了明显的增产效果。试验表明,CO_2 干法加砂压裂工艺可行,增产效果明显,初步展示了良好的应用前景。

6.4 小 结

在国内,CO_2 压裂虽然取得了很大的进展,但距工业化应用仍有较大差距,需进一步开展相关工作,降低施工成本,扩大应用规模,达到工业化应用目标。

①压裂液性能评价、页岩气压裂工艺、煤层气压裂工艺、复杂油气藏压裂工艺、配套工具、压后评价技术缺乏系统性的研究,还远未形成成熟的工艺模式和完备的规范、标准。

②在干法压裂方面,目前研制的 $8 m^3$ 密闭混砂装置不能满足多层及大规模压裂施工对加砂量的要求,需要开展满足连续输砂要求的装置研制。需研制输砂量达到 $30 m^3$ 以上、输砂速度大于 $0.6 m^3/min$ 的密闭混砂装置。

低压低渗油气藏的压裂改造是必要的增产手段。为了降低低压气藏伤害,提高增产效果,进行 CO_2 压裂研究是非常必要的。

第 **7** 章
火山岩压裂

7.1　储层特征

7.1.1　储层岩性特征

新疆克拉美丽气田火山岩气藏岩性复杂,裂缝发育,目的层为石炭系火山岩,储层主要为中基性岩类的安山岩、玄武岩和酸性火山岩。火山岩岩性分为火山熔岩和火山碎屑岩等。岩心矿物成分分析实验结果表明,储层岩心矿物成分复杂,大体分为黏土、碎屑岩、碳酸盐岩和其他岩性4类,其中以碎屑岩为主。碎屑岩中主要为石英、钾长石和斜长石等;碳酸盐岩中主要为方解石、白云石、黄铁矿等;其他岩性为沸石。黏土矿物含量为10% ~16%。

7.1.2　储层黏土矿物

黏土矿物中以绿泥石、伊利石、伊/蒙混层和绿/蒙混层为主,不含膨胀性水敏黏土矿物蒙脱石。各井区绿泥石含量普遍较高,为1% ~87.4%,平均为45%,而滴西14井和滴西182井伊/蒙混层黏土相对含量较高,平均达到了54.4%;滴西17井和滴西402井绿/蒙混层黏土相对含量较高,平均达到了50.4%。从黏土矿物分析结果可知,储层存在潜在水敏和酸敏伤害。

7.1.3　储层物性

(1)室内实验物性

分析结果表明,除部分井区发育有裂缝的岩心渗透率稍高以外,大部分属于低孔特低渗透,特别是滴西18井区的岩心,渗透率基本都小于 $0.04 \times 10^{-3}\ \mu m^2$,而且孔隙度难以测量到。根据岩心物性测试结果可知,仅依靠储层基质部分的孔隙体积和流动能力难以获得较高的产量。

(2)测井解释物性

测井解释表明,该区火山岩储层有效孔隙度最大为30.83%,平均为10.69%,主要(90.38%)分布于6% ~15%;渗透率最大为21.2 mD,平均为1.476 mD,主要分布于0.1 ~5 md。

（3）不同岩性的物性差异

岩心分析表明,在三大类岩性中,以喷出岩物性最好(平均孔隙度为12.93%、渗透率为0.581 mD),储层发育比例较高(72.62%);沉火山岩次之(孔隙度为11.06%、渗透率为0.709 mD),但储层发育比例最低(46.67%);次火山岩物性相对最差(孔隙度为9.11%、渗透率为0.225 mD),但储层发育比例最高(90.37%)。

试气资料分析表明,火山岩以正常火山碎屑岩产能最好,试气产量为 $6.9 \times 10^4 \sim 30.16 \times 10^4$ m³/d,平均采气指数为 0.064×10^4 m³/(d·MPa),平均无阻流量为 48.64×10^4 m³/d;熔结碎屑岩次之,试气产量为 $9.32 \times 10^4 \sim 31.22 \times 10^4$ m³/d,平均采气指数为 0.059×10^4 m³/(d·MPa),平均无阻流量为 44.23×10^4 m³/d。

综合分析表明,克拉美丽气田石炭系火山岩物性以凝灰质角砾岩最好,英安质火山角砾岩、玄武质角砾熔岩、安山质角砾熔岩次之。储层主要发育于正长斑岩、二长斑岩、凝灰质角砾岩、玄武岩、流纹岩、玄武质角砾熔岩、流纹质角砾熔岩、安山质熔结凝灰岩中。

7.1.4 储层敏感性

（1）储层敏感性分析

选取克拉美丽气田具有合适渗透率的岩心,进行储层敏感性分析评价试验(表7.1),从试验结果可知,储层敏感性较强,属于中等偏强—强水敏、中等偏强—强速敏、强—极强酸敏。前述黏土矿物成分分析说明,岩石中不含膨胀性蒙脱石,造成岩心强水敏的原因不是黏土矿物膨胀堵塞孔隙,而是岩心强亲水,吸附液相在喉道中所致。降低岩石吸附液相是压裂液重点考虑的问题之一。

表 7.1 储层岩心水敏试验分析结果

井号	深度/m	空气渗透率 /$10^{-3} \mu m^2$	地层水渗透率 /$10^{-3} \mu m^2$	伤害后 /$10^{-3} \mu m^2$	水敏指数 /%	评价结果
DX1	3 668.05 ~ 3 670.80	8.91	0.305	0.041 9	86.27	强水敏
DX2	3 632.86 ~ 3 641.56	1.96	0.223	0.067 3	69.77	中等偏强水敏
DX3	3 669.74 ~ 3 669.80	0.21	0.024 1	0.008 54	64.61	中等偏强水敏
		5.47	0.439	0.204	53.53	中等偏强水敏

（2）储层岩心吸附能力

克拉美丽气田储层岩心吸附性能实验结果表明,岩心吸附能力强。在测试时间内岩心的吸附量达到0.283 2 ~ 0.356 9 g,但在清水中加入表面活性剂后,可以大大降低岩心对液相的吸附。这可以为增产改造措施液体体系优选提供可靠依据。

7.1.5 储层裂缝特征

克拉美丽气田火山岩储层储集空间类型多,孔隙结构复杂多变,储集类型主要以孔隙型、裂缝-孔隙型为主。储层裂缝发育,裂缝类型中天然缝占84%,诱导缝占16%,其中以斜交缝为主,约占 50%,网状缝次之,约占 28%。裂缝开启程度高,开启缝约占 91.5%,充填、半充填缝只占 8.5%,明显微细裂缝比例小,约占 0.8%,裂缝有效性好,如图 7.1 所示。

斜交缝　　　诱导缝　　　　气孔　　　网状缝、斜交缝　　充填-半充填缝

图 7.1　克拉美丽气田天然裂缝发育情况

裂缝发育程度主要受岩性、断裂控制和构造位置的影响。岩性以花岗斑岩、二长玢岩裂缝最发育,玄武岩、安山玄武岩次之;以靠近滴水泉西断裂及其次级断裂最发育;构造位置相对高部位裂缝发育程度高,相对低部位且远离断裂处裂缝发育程度低。

7.1.6　储层岩石力学特性

（1）岩石力学参数

对所选取的岩心进行岩石力学参数测试,求取杨氏模量、泊松比、体积压缩系数和抗压强度等参数,从试验结果可知,储层杨氏模量变化大,岩石杨氏模量为 23 910 ~ 59 390 MPa;岩石的抗压强度为 86.5 ~ 396.4 MPa,各井间的变化趋势与杨氏模量基本相同,泊松比变化范围为 0.21 ~ 0.31,分析结果见表 7.2。

表 7.2　岩石力学试验分析结果

井号	深度/m	实验条件		实验结果	
		围压/MPa	孔压/MPa	杨氏模量/MPa	泊松比
DX7	3 632.86 ~ 3 641.56	58.2	48.4	28 640	0.22
DX7	3 632.86 ~ 3 641.56	58.2	48.4	30 350	0.25
DX8	3 444.57 ~ 3 452.27	55.2	39.8	57 640	0.27
DX8	3 444.57 ~ 3 452.27	55.2	39.8	59 390	0.31
DX82	3 506.48 ~ 3 511.01	56.2	40.5	44 270	0.29
DX82	3 506.48 ~ 3 511.01	56.2	42.0	23 910	0.21

（2）地应力大小与剖面

利用小型测试压裂压力降落数据分析最小主地应力大小,得到最小主地应力为 50 ~ 60 MPa。结合软件得到纵向应力分布,见表 7.3。

表 7.3　滴西井区地应力垂向剖面分析结果

井号	层位	井段/m	地应力/MPa	上隔层地应力差/MPa	下隔层地应力差/MPa
滴西 1	C	3 654.0 ~ 3 675.0	54.9	1.8	3.3
滴西 2	C	3 743.0 ~ 3 756.0	60.2	−2.9	−0.2
滴西 3	C	3 633.0 ~ 3 642.0	56.8	1.4	5.2
滴西 4	C	3 720.0 ~ 3 773.0	62.5	6.5	4.5
滴西 5	C	3 480.0 ~ 3 506.0	59.4	−2.9	4.6
滴西 6	C	3 667.0 ~ 3 679.0	57.2	2.2	4.5
滴西 7	C	3 635.0 ~ 3 650.0	58.4	−1.4	3.3
滴西 8	C	3 649.0 ~ 3 672.0	64.2	1.8	2.0
滴西 9	C	3 484.0 ~ 3 500.0	58.1	−1.9	3.4
平均	C		59.1	0.5	3.4

7.2　压裂难点

7.2.1　天然裂缝极其发育,压裂液滤失大

克拉美丽气田火山岩储层裂缝开启程度高,开启缝约占 91.5%,这就导致了储层改造过程中地层滤失大,压裂液液体效率较低,容易导致早期脱砂。

7.2.2　岩石坚硬,人工裂缝宽度狭窄,易砂堵

克拉美丽气田储层岩石坚硬,岩石杨氏模量为 23 910 ~ 59 390 MPa,是普通砂岩的数倍,人工裂缝宽度狭窄,裂缝缝宽较窄,吃砂能力差,加上天然裂缝的高滤失以及多裂缝问题更容易形成砂堵。滴西 17 井砂比为 21% 时,油套压均上升很快,导致远井脱砂砂堵,如图 7.2 所示。

7.2.3　储层存在底水,压裂容易沟通水层

由于垂向裂缝发育,产层离底水距离较近,压裂时裂缝高度在无遮挡应力或弱遮挡应力下,容易沟通水层,致使压裂后立即出水或快速出水,如图 7.3 所示。

7.2.4　储层敏感性较强,压裂液性能要求高

克拉美丽气田火山岩储层水敏指数为 60% ~ 86.3%,酸敏指数为 35.3% ~ 68.3%,岩石土酸强酸敏-极强酸敏,决定了该气田的增产改造措施只能以压裂改造为主。岩心清水吸附能

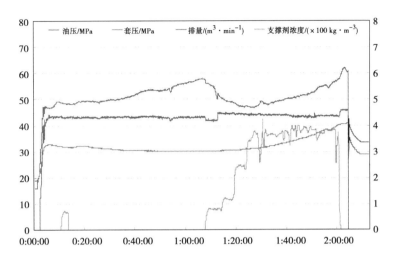

图 7.2　滴西 17 井加砂压裂施工曲线

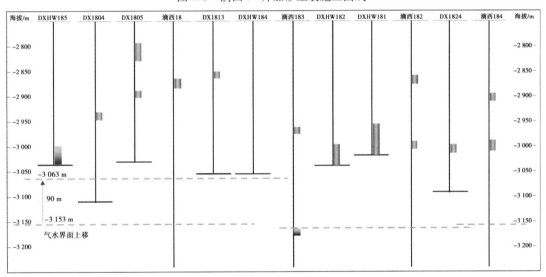

图 7.3　滴西 18 气藏单井连井剖面

力强,在测试时间内岩心的吸附量为 0.303 3 ~ 0.356 9 g,表现了较强的气藏亲水性特征。分析认为室内实验表现出的中等偏强-强水敏,是由水敏以及岩石的清水吸附能力共同作用的结果。压裂改造中要尽可能减少压裂液对储层的水锁伤害。

7.3　火山岩储层压裂改造技术

7.3.1　技术思路

火山岩气藏渗透率低、天然裂缝发育、弹性模量高,为提高压裂改造效果与单井产量,形成了适应上述地层特点,提高加砂成功率,提高单井产量,以优化前置液比例、排量、加砂量、砂比为主体的适度规模的火山岩气藏直井压裂改造技术,提高了施工成功率与压裂效果。形成了以下技术系列：

①克拉美丽气田火山岩储层地应力分析技术。

② 40/70 目段塞降滤失技术。

③直井压裂优化设计技术(水力裂缝支撑长度优化、前置液百分数选择、支撑剂浓度及加入方式优化、施工管柱及排量优化、测试压裂分析、施工规模优化)。

④火山岩气藏避水压裂工艺技术。

⑤火山岩气藏快速返排的胍胶压裂液技术。

7.3.2 储层地应力分析技术

利用岩心测试资料,可以得到杨氏模量、泊松比、体积压缩系数和抗压强度等参数,但不能得到连续的岩石力学参数与地应力剖面。通常利用地应力连续剖面解释软件来得到储层的地应力参数。如果缺乏准确可靠的地应力分析结果,先进的全三维压裂设计软件难以发挥其优势。

地应力连续剖面分析软件除具备砂泥岩地层地应力解释功能外,还具备变质岩、砂砾岩、火山岩等复杂岩性地层地应力分析解释功能的软件。针对火山岩,该软件不仅采用了合理的岩石力学参数的动静态转换模型,也根据实测数据,合理地设置了构造应力系数,使得解释结果与矿场测试结果比较接近,与现场测试的符合程度高,解决了基础参数不准确、设计误差大的问题。地应力预测模式如下：

$$\sigma_h = \left(\frac{\mu}{1-\mu} + A \right)(\sigma_v - \alpha p_p) + \alpha p_p \tag{7.1}$$

$$\sigma_H = \left(\frac{\mu}{1-\mu} + B \right)(\sigma_v - \alpha p_p) + \alpha p_p \tag{7.2}$$

式中 σ_h——最小主应力,MPa；

         μ——泊松比,无因次；

         A——最小主应力偏差系数,无因次；

         B——最大主应力偏差系数,无因次；

         σ_v——垂向应力,MPa；

         α——孔隙弹性系数,无因次；

         p_p——孔隙压力,MPa；

         σ_H——最大主应力,MPa。

该软件利用常规的测井资料,测井数据"DEN""CAL""AC""GR"等,计算岩石力学性质剖面,包括泊松比、杨氏模量、体积模量、剪切模量、出砂指数、拉梅常数、破裂压力梯度、抗压强度、抗张强度、Biot 系数等;计算应力剖面,包括水平最大主应力值、水平最小主应力值和垂向主应力值。软件的界面与解释结果的界面如图 7.4、图 7.5 所示。

7.3.3 段塞降滤失技术

(1)技术原理

克拉美丽气田火山岩储层裂缝发育,裂缝类型中天然缝占 84%,诱导缝占 16%,其中以斜交缝为主,网状缝次之。天然裂缝的存在对压后生产是有利的,但它的强滤失性会严重影响压

图 7.4　地应力连续剖面分析软件界面

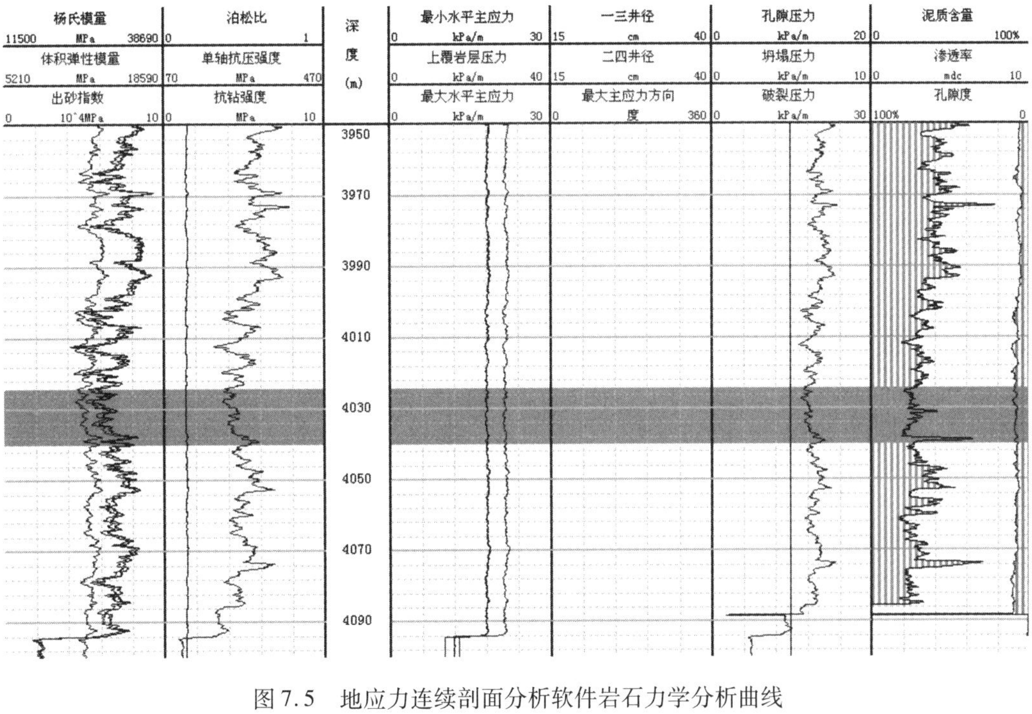

图 7.5　地应力连续剖面分析软件岩石力学分析曲线

裂施工的顺利进行。天然裂缝储层压裂降低滤失是压裂工程师必须考虑的问题。

通过文献调研,目前国内外控制滤失主要从施工工艺和压裂液材料两个方面入手。施工工艺方面的主要方法为支撑剂段塞降滤,即在前置液中,注入少量的支撑剂段塞,在降低近井地带摩阻的同时可以堵塞一些近井地段的微小裂缝,使主压裂时近井地段的多条微小裂缝的数量减少,压裂液在主裂缝中延伸和扩展,降低压裂液滤失,提高压裂施工成功的概率。

该项技术的优点:一是粉陶或细陶首先进入压裂时形成的微细裂缝或被压开的地层本身微裂缝中,有效地阻止压裂液滤失进去,提高液体效率,保证造缝效果,降低前置液用量,从而减少入井液总量,降低压裂液对储层的伤害;二是地层破裂时产生的枝节裂缝可以得到粉陶或细陶的有效支撑,成为较高导流能力的天然气通道,提高增产效果和有效期,起到体积压裂的效果;三是粉陶或细陶可打磨与主裂缝连通的窄的拐弯处,使裂缝通道更光滑,流动阻力减小。

该技术结合克拉美丽地层地应力特点与裂缝发育特点,解决了天然裂缝及其发育,压裂液滤失大,加砂成功率低的问题。

(2)支撑剂段塞降滤技术优化

1)裂缝开度大小

岩心观察表明,在地面,滴西火成岩主要发育 0.1 ~ 1 mm 小缝,约占 78.5%;测井解释表明,裂缝宽度最大 260 μm,平均 16.4 μm,主要分布于 1 ~ 24 μm。裂缝开启程度高,岩心上开启缝占 70.4%,成像测井解释开启缝占 85.9%。压裂过程中裂缝开启程度会进一步增大。

根据典型井例分析,最大、最小主应力大小相差 12 MPa 左右,如果施工时净压力较高(可达 4 ~ 10 MPa),则相当方位范围内的裂缝都可能开启,天然裂缝的开启是比较普遍的事情。天然裂缝对应的闭合应力比较大,缝宽相对较小。通常选用 100 目或 40/70 目的段塞颗粒进行施工。

2)支撑剂段塞颗粒大小优化

依据支撑剂进入裂缝规则,要求缝宽必须大于支撑剂粒径的 3 倍(图 7.6、表 7.4)。

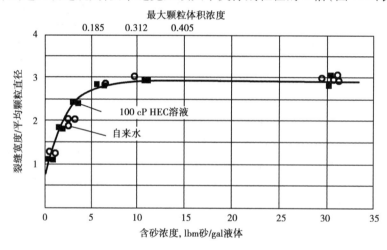

图 7.6 支撑剂桥架准则曲线

表 7.4 支撑剂颗粒进入裂缝最小宽度要求

支撑剂目数	支撑剂粒径 /mm	不同砂比的准入裂缝宽度/mm		
		5%	10%	>30%
70/140	0.106 ~ 0.212	0.29	0.36	0.636
40/70	0.212 ~ 0.425	0.58	0.73	1.275
20/40	0.425 ~ 0.85	1.15	1.45	2.55

按照新疆油田通常用的支撑剂来计算,以 20/40 目为例,粒径为 0.45 ~ 0.85 mm,当砂浓度比较高时,以其中的最大颗粒为准,最小的裂缝宽度应该大于 2.55 mm;当浓度比较低时,最

小的裂缝宽度应该大于 1.15 mm。采用 40/70 目,当砂浓度比较高时,以其中的最大颗粒为准,最小的裂缝宽度应该大于 1.275 mm。

通过 10 余井次压裂数据分析(表 7.5),采用 40/70 目支撑剂段塞,压裂液效率较 100 目以上有明显提高。针对克拉美丽气田特性,确定以 40/70 目支撑剂段塞为主的施工工艺。根据施工规模的大小,选择 2~3 段段塞进行施工。

表 7.5　克拉美丽气田石炭系不同支撑剂段塞压后数据分析表

井号	目的层	裂缝发育情况	段塞粒径	段塞/m³	支撑剂/m³	平均砂比/%	前置液比例/%	排量/(m³·min⁻¹)	液体效率/%	施工情况
滴 X1	3 646~3 666	斜交缝/网状缝	20/40	1	5.5	9.82	56.3	4	—	未完成加砂量
滴 X2	3670~3 690	斜交缝、网状缝	40/70	5	35	14.6	44.8	4.4	35.2	完成
滴 X3	3 635~3 650	网状缝	40/70	5	31	14.5	52.7	4.2	34.6	完成
滴 X4	3 132~3 142	网状-斜交缝	40/70	3	10	13.2	53.2	3.6	33.2	完成
滴 X5	3 630~3 643	诱导缝	40/70	3	20	17	43.6	3.8	37.5	完成
滴 X6	3 910~3 922	直劈缝	40/70	3	13	16.4	52.5	3.5	35.3	完成
滴 X7	3 830~3 840	网状-斜交缝	40/70	3	8	13.4	52.2	3.5	33.6	完成
滴 X8	3 625~3 640	网状缝	40/70	3	25	18.9	48.8	4	36.1	完成
滴 X9	4 130~4 146	直劈缝、诱导缝	70/140	5	16	11.5	47.8	3.9	29.8	未完成加砂量
滴 X10	3 528~3 540	斜交缝	70/140	5	26	12.3	45.3	4.4	31.2	未完成加砂量

3)段塞加量

在判断天然裂缝存在后,还要根据测试压裂解释滤失系数与当量裂缝数目来定量决策控制措施。根据现场压裂施工特征统计分析表明,正常滤失系数为 $5.0 \times 10^{-4} \mathrm{m} \cdot \mathrm{min}^{-0.5}$。超过此值就需要考虑采取针对性措施,表 7.6 采用的判断与处理措施可以得到较好的效果。

表 7.6　多裂缝诊断与相应措施表

参数类型	诊断指标	诊断结论	相应措施
滤失系数/($\times 10^{-4} \mathrm{m} \cdot \mathrm{min}^{-0.5}$) 微裂缝条数	<5,无微裂缝	裂缝不发育、基质低滤失	不需要预处理
	5~10,2~3	裂缝较发育、滤失正常	加段塞 1~2 个
	10~15,>3	裂缝非常发育、滤失偏大	段塞加量增加 2~3 个
	>15,>3	溶洞与裂缝非常发育	段塞加量增加 3~4 个

7.3.4　直井压裂参数优化设计技术

(1)裂缝支撑长度与导流能力优化

依据克拉美丽气田火山岩气藏的物性特征和流体性质,以典型储层参数为依据,通过油藏数值模拟的办法来优化裂缝支撑长度和导流能力,在克拉美丽气田火山岩气藏物性条件下,裂缝长度为 100~200 m,裂缝导流能力为 20~30 $\mu m^2 \cdot cm$,见表 7.7。

表 7.7　裂缝支撑长度和导流能力的确定

有效渗透率范围/$10^{-3} \mu m^2$	裂缝支撑长度/m	裂缝导流能力 /($\mu m^2 \cdot cm$)	无因次
0.01~0.1	250.0~200.0	20.0	17
0.1~0.5	200.0~150.0	30.0	5.7
0.5~1.0	150.0~100.0	30.0~40.0	9.7

如图 7.7 所示,渗透率为 0.5 mD,支撑裂缝半长超过 150 m,日产量增幅减小,支撑裂缝半长确定为 150~200 m。

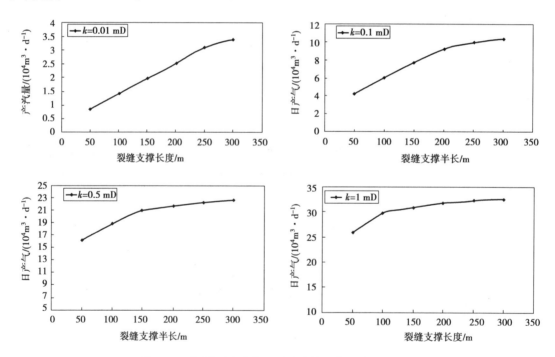

图 7.7　不同渗透率条件下裂缝支撑长度对产量的影响

如图 7.8 所示,渗透率为 0.5 mD,裂缝导流能力超过 30 $\mu m^2 \cdot cm$,日产量增幅减小,裂缝导流能力确定为 30 $\mu m^2 \cdot cm$。

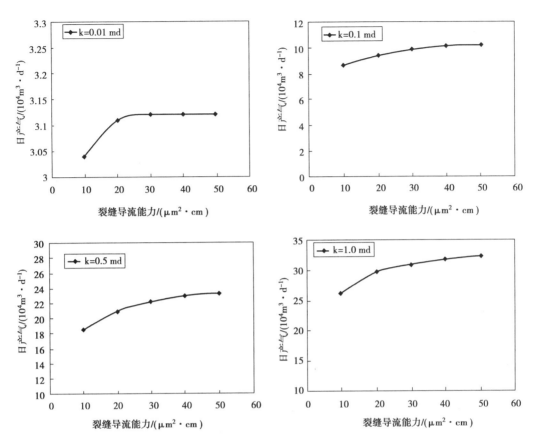

图 7.8　不同渗透率条件下裂缝导流能力对产量的影响

（2）前置液百分数优化

依据滴西 1、2 和 3 区的储层滤失系数（表 7.8），模拟计算 30%～55% 等不同前置液百分数对动态比的影响（表 7.9），以动态比 80% 为目标得到不同井区的前置液百分数，滴西 3 区：45%～50%；滴西 1 和 2 区：50%～55%。

表 7.8　滴西 1、2 和 3 区的综合滤失系数

井号	裂缝闭合应力 /MPa	综合滤失系数 /(m·min$^{-0.5}$)	压裂液效率 /%	前置液比例 /%
滴西 1	57.6	11.2E－4	37.4	50～55
滴西 2	55.94	15.4E－4	33.6	50～55
滴西 3	48.6	8.60E－4	42.0	45～50

表 7.9　不同的前置液百分数下裂缝动态比

储层滤失系数 /(10⁻⁴m·√min⁻¹)	前置液百分数 /%	造缝长度 /m	支撑长度 /m	动态比 /%
5.0 ~ 10.0	30	160.7 ~ 145.2	137.6 ~ 134.4	85.6 ~ 92.6
	35	164.3 ~ 150.2	135.5 ~ 135.0	82.5 ~ 89.9
	40	168.5 ~ 155.5	133.5 ~ 134.5	79.2 ~ 86.5
	45	173.2 ~ 160.8	131.4 ~ 133.5	75.9 ~ 83.2
	50	178.4 ~ 166.3	129.3 ~ 132.0	72.5 ~ 79.4
10.0 ~ 15.0	35	150.2 ~ 132.5	135.0 ~ 124.1	89.9 ~ 93.7
	40	155.5 ~ 140.0	134.5 ~ 128.8	86.5 ~ 91.8
	45	160.8 ~ 146.5	133.5 ~ 131.7	83.2 ~ 89.9
	50	166.3 ~ 153.5	132.0 ~ 132.7	79.4 ~ 86.4
	55	172.4 ~ 160.1	130.3 ~ 132.1	75.6 ~ 82.5

（3）加砂量优化

依据储层射开厚度与缝高的关系,结合现场实施的可行性,利用裂缝模拟软件模拟计算不同储层厚度条件下形成不同支撑长度的裂缝所需的加砂规模(表 7.10)。对射开厚度 10 ~ 20 m 的井,达到 100 ~ 200 m 的裂缝支撑长度,其加砂规模为 18 ~ 60m³。

表 7.10　裂缝支撑长度与加砂规模预测

油层厚度/m	裂缝支撑长度/m			
	100	150	200	250
10	18	30	45	65
20	30	42	60	85

7.3.5　支撑剂优选及加入方式优化

（1）复合支撑剂性能评价

岩石力学参数分析结果表明,克拉美丽气田火山岩气藏的地应力为 50 ~ 60 MPa,储层杨氏模量高,岩石比较坚硬,在压裂过程中难以形成宽缝,不利于支撑剂进入,需要在施工中采用小粒径支撑剂或中等粒径与小粒径支撑剂混合加入的方式保证施工成功。

采用石油天然气行业标准的试验方法用线性流导流能力试验仪器进行支撑剂试验,对 20/40 目和 30/50 目支撑剂的性能进行评价,同时对不同组合比例的 20/40 目和 30/50 目支撑剂对导流能力影响进行了评价(表 7.11—表 7.13)。

试验结果表明,当 20/40 目和 30/50 目支撑剂组合比例分别为 2∶1 和 3∶1 时,对高闭合应力下的导流能力影响不大,导流能力可以达到只用 20/40 目支撑剂导流能力的 2/3 左右(图 7.9)。

表 7.11　20/40 目支撑剂导流能力测试结果

测量方式	API 线性流	
测量介质	蒸馏水	
铺置浓度/(kg·m^{-2})	5	
闭合压力/MPa	导流能力/(μm^2·cm)	渗透率/μm^2
10	153.79	545.24
20	131.62	474.17
30	116.05	421.13
40	99.57	366.74
50	76.34	284.31
60	54.97	207.83

表 7.12　30/50 目支撑剂导流能力测试结果

测量方式	API 线性流	
测量介质	蒸馏水	
铺置浓度/(kg·m^{-2})	5	
闭合压力/MPa	导流能力/(μm^2·cm)	渗透率/μm^2
10	60.06	220.80
20	52.84	198.27
30	45.22	170.96
40	38.50	147.51
50	30.73	119.58
60	23.73	92.88

表 7.13　20/40 目与 30/50 目支撑剂按 3:1 尾追导流能力测试结果

测试样品	(20/40 目):(30/50 目)=(3:1)测试结果	
测量方式	API 线性流	
测量介质	蒸馏水	
铺置浓度/(kg·m^{-2})	5	
闭合压力/MPa	导流能力/(μm^2·cm)	渗透率/μm^2
10	132.12	458.79
20	111.13	392.01
30	79.04	284.33
40	63.29	229.31
50	56.74	208.98
60	40.66	151.73

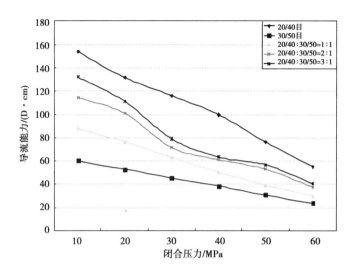

图7.9 不同粒径、不同比例组合支撑剂的导流能力对比

（2）平均砂液比选择

平均砂液比的选择主要考虑储层对裂缝导流能力的要求。平均砂液比直接影响裂缝内支撑铺置浓度，一般而言，裂缝内支撑铺置浓度越高，裂缝导流能力越高。模拟计算平均砂液比15%、20%、25%、30%、35%条件下的支撑剂铺置浓度，得到欲达到5 kg/m² 的支撑剂铺置浓度，平均砂液比达到25%以上即可（图7.10）。

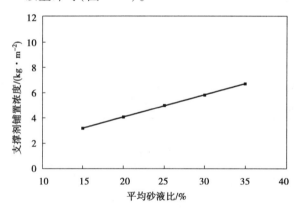

图7.10 支撑剂铺置浓度与平均砂液比的关系

（3）小阶梯线性加砂工艺

目前直井实施选用20/40目陶粒，克拉美丽气田火山岩储层压裂裂缝狭窄，砂浓度变化大容易造成桥堵，加入20/40目陶粒时，阶段性提高砂比对存在多裂缝的储层不适应，采用逐步小阶段提高砂比、多段低砂比、线形加砂压裂工艺技术，减小了每级砂比的上升幅度，减少了压力的波动，使施工压力更加平稳，同时支撑剂的充填更加饱满，支撑剂的铺置浓度更加合理，使开发井施工成功率达100%，如图7.11、图7.12所示。

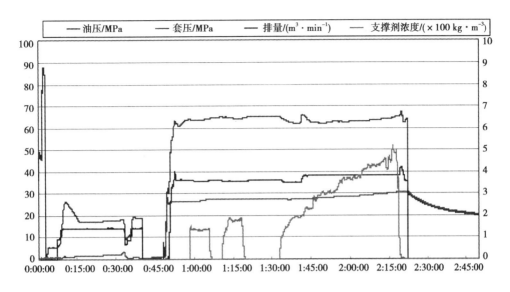

图 7.11 DX144 井压裂施工曲线及加砂梯度

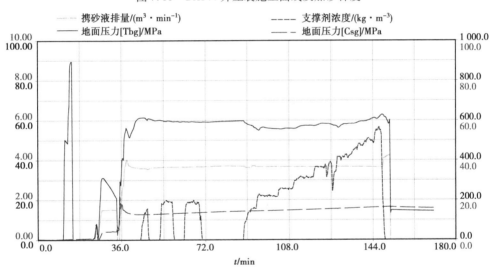

图 7.12 DX189 井小阶梯线性加砂施工曲线

7.3.6 射孔相位角

对一般的裂缝性地层,由于天然裂缝的存在,几乎射孔部位都能产生水力裂缝。采用 90°相位螺旋射孔时,最大夹角可以达到 45°。为了避免较大转向角度的裂缝,宜使用 60°射孔并辅助以段塞手段来解决多裂缝的产生问题,一般能够顺利实施压裂。

7.3.7 测试压裂技术

测试压裂主要解决近井阻力的大小、多裂缝、滤失大小的问题。

(1)近井阻力的大小

射孔摩阻与施工排量的平方成正比。对井眼附近摩阻,在近井筒压力敏感区域层流通过窄的通道,可以粗略地表示为与施工排量的平方根成正比,$\Delta p_{near} = k_{near} q_i^{0.5}$,这个阻力的大小就

117

是净压力。

根据一系列排量与近井总阻力的对应值,可以得到在每次排量变化下的近井净压力的大小,从而量化近井裂缝扭曲摩阻的大小。

（2）多裂缝

L. Weijers 提出了"等效多裂缝"的概念并应用于裂缝延伸模拟。首先计算出单个理想裂缝的延伸净压与宽度,然后根据多裂缝与单个裂缝之间的净压关系,得到多裂缝条数与多个裂缝的宽度,而等效多裂缝的条数与宽度是段塞颗粒大小选择的重要参考和依据,同时更是加砂压裂时确定适宜支撑剂粒径大小和最佳加砂比的重要依据。

（3）滤失大小

压裂液效率是关井时缝中流体体积（砂＋液）与总注入体积之比,即

$$\eta = \frac{V_f}{V} = \frac{Qt_p - V_{LP}}{Qt_p} \tag{7.3}$$

式中　η——压裂液效率,无因次;

　　　V_f——关井时裂缝中流体体积,m^3;

　　　V——压裂液总注入体积,m^3;

　　　Q——压裂施工排量,m^3/min;

　　　t_p——压裂施工注入压裂液时间,min;

　　　V_{LP}——滤失的压裂液体积,m^3。

显然,压裂液效率与压裂液滤失系数有关,滤失的液体体积越大,压裂液的效率就低,压裂的效果就差。

当天然裂缝开启时,Nolte 斜率应根据情况变化。常规滤失即在关井过程中滤失面积为常数,压裂液通过基质岩块的滤失（图7.13）。当叠加导数 GdP/dG 值位于通过原点的一条直线上时,通过不变的导数值（即 dP/dG 为常数）来识别滤失特征,偏离直线段的点就是裂缝闭合点。这种滤失类型适合均质油藏的滤失。

图7.14 中所示与压力有关的滤失特性。在外推直线上方的叠加导数"曲线顶峰"的特征,表明压力与滤失系数的依赖关系,如表示裂缝或裂隙开启。叠加导数曲线顶峰端部与外推直线相交的点,表示了裂缝或裂隙的开启压力。在叠加导数曲线上,偏离外推直线的点为裂缝的闭合点。当解释出来的效率比较低,则意味着滤失严重,天然裂缝大量开启。

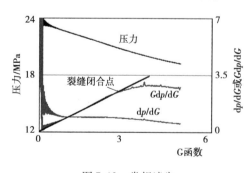

图7.13　常规滤失

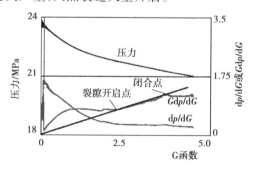

图7.14　与压力有关的滤失

（4）滴西14井测试压裂分析

经过分析,如果在闭合点前叠加导数曲线显示"上凸",则表明储层天然裂缝发育。从滴西14井 G 函数导数分析曲线可知,有"上凸"趋势,天然裂缝发育,应加段塞2段,适当设计前

置液比例。

通过滴西 14 井测试压裂分析得到：

①停泵压力梯度 0.015 4 MPa/m,正常。

②近井摩阻 1.21 MPa,正常。

③滤失系数 $7.8 \times 10^{-4} \mathrm{m/min}^{1/2}$,较高,微裂缝条数为 2 条。

通过上述分析,做以下设计：

①近井阻力小,闭合应力 54 MPa,可吃入较大砂比,最高砂比 35% ,加砂量 40 m³。

②加入段塞 40/70 目宜兴中密高强小陶粒 5 m³。

③根据滤失系数大小,前置液比例 48% 。

④根据地层渗透率情况与产层厚度,设计加砂规模 40 m³。

7.3.8　裂缝高度控制技术

（1）现场检测结果与控缝高分析

利用井温、嵌入式裂缝监测,对不同规模下裂缝高度的延伸情况进行分析,支撑剂加量与裂缝高度有一定的正相关关系,但是影响高度的因素很多,总体上相关性不大。由于岩石坚硬,弹性模量高,裂缝高度不容易控制,很容易达到较高的高度。

部分井次的储层离底水很近,为提高无水采气期,提高采收率,需要在控制裂缝延伸的前提下,尽可能提高压裂缝长与改造效果。

（2）裂缝高度影响因素分析

从油层与上下地层的应力差、杨氏弹性模量、岩石的断裂韧性、施工排量、施工规模、滤失系数、压裂液黏度等参数变化的角度来研究缝高的影响因素。

1）油层与上、下地层的应力差

在其他条件不变的情况下,取油层与上、下地层的应力差分别为 1.5 MPa、2.8 MPa 以及 4 MPa,裂缝长度与缝高关系如图 7.15 所示,应力差从 1.5 MPa 增加至 4 MPa,缝高从 160 m 减至 60 m,相差较大。应力差是影响缝高的主要因素。从图 7.15 可以预测,当应力差大于 4 MPa 时,裂缝高度就可能被限制在油层厚度以内,可以通过测试油气井的纵向应力剖面,以便采取相应的措施来控制裂缝高度的延伸。

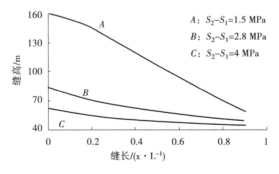

图 7.15　应力差对缝高的影响

2）弹性模量

取弹性模量为 5×10^4 MPa、2.8×10^4 MPa、4.5×10^4 MPa。如图 7.16 所示,缝高随弹性模量的增加而增加。这是由于在相同的排量、时间及滤失速度下,杨氏模量越大,裂缝则越窄,裂缝将向缝高方向发展,以满足液体体积平衡条件,从计算结果可知,地层的杨氏模量也是缝高的重要因素之一。

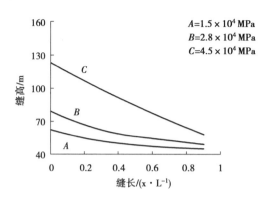

图 7.16　杨氏模量对缝高的影响

3）施工排量

以火山岩地层为例,在 20 m³ 砂的加砂规模下,排量从 3.5 m³/min、4 m³/min 增加到 8 m³/min,缝高从 46 m、47.2 m 增加至 51.3 m,增加 5.3 m,裂缝高度随着施工排量的增加而增加,受排量的影响较大(表 7.14)。

表 7.14　裂缝高度随着施工排量变化曲线

排量 /(m³·min⁻¹)	加砂规模 /m³	注入液量 /m	动态缝高 /m	支撑缝高 /m	动态缝长 /m	支撑缝长 /m	平均裂缝宽度 /mm
3.5	20	277.4	46.0	44.1	102.8	98.7	4.8
3.5	25	313.2	47.2	45.8	105.9	102.6	5.9
3.5	30	348.1	48.3	46.6	108.8	105.0	6.3
4	20	277.4	47.2	45.0	104.4	99.5	4.5
4	25	313.2	48.5	46.4	107.7	103.1	5.6
4	30	348.1	49.8	47.5	111.0	105.7	6.6
6	20	277.4	49.5	44.7	106.7	96.4	4.7
6	25	313.2	51.6	47.1	110.8	101.0	5.7
6	30	348.1	53.1	48.5	114.7	104.8	6.7
7	20	277.4	50.7	44.1	107.5	93.5	5.2
7	25	313.2	52.6	47.2	111.6	100.1	5.9
7	30	348.1	54.0	48.4	115.6	103.6	6.9
8	20	277.4	51.3	43.8	107.9	92.1	5.3
8	25	313.2	53.2	46.7	112.0	98.2	6.3
8	30	348.1	54.8	48.4	116.0	102.5	7.1

4）施工规模

在排量一定的情况下,施工时间的差异反映施工规模大小的差异。从表 7.14 可知:随着施工规模的增加,井底缝高、裂缝长度和裂缝的平均缝宽都相应增大。排量为 3.5 m³/min,加砂规模从 20 m³ 到 30 m³,缝高从 46 m 增加至 48.3 m,增加 2.3 m。

5)滤失系数

为了便于比较,设定 3 个滤失系数 $C = 1.0 \times 10^{-4} \, \mathrm{m/min}^{0.5}$、$1.8 \times 10^{-4} \, \mathrm{m/min}^{0.5}$、$5.0 \times 10^{-4} \, \mathrm{m/min}^{0.5}$(图 7.17),在给定的计算条件下,缝高变化不大。

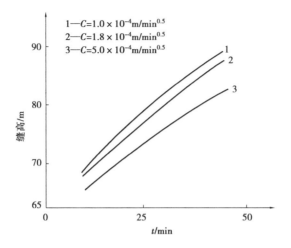

图 7.17　不同滤失系数下裂缝高度与时间关系曲线

6)压裂液的流变性

取 3 组压裂液,流变参数见表 7.15。

表 7.15　压裂液的流变参数表

序号	温度/℃	流态指数	稠度系数/$(\mathrm{Pa \cdot s^n})$
A	107	0.30	4.217
	176	0.23	2.354
B	107	0.60	8.336
	176	0.47	4.707
C	107	0.80	9.317
	176	0.55	5.884

如图 7.18 所示,缝高从 63 m、83 m 变化到 95 m,说明压裂液视黏度越大缝高越大。

总之,裂缝高度延伸的影响因素很多,包括可变因素和不变因素。在压裂施工前,应针对不同油气井结合分析各个影响因素,从而找到裂缝高度的主要影响因素,以确定相应的控缝高措施。

(3)裂缝高度控制措施

结合上述理论研究,利用岩石力学解释成果,对存在底水的储层进行控制裂缝高度的措施设计,减少压后产水。目前主要采取的裂缝高度控制技术如下:

1)控制射孔井段长度在 10 m 左右

裂缝模拟计算表明,减少射孔井段长度有利于降低裂缝高度在垂向上的过度延伸。这主要是射孔厚度在裂缝初始延伸阶段已经全部打开。

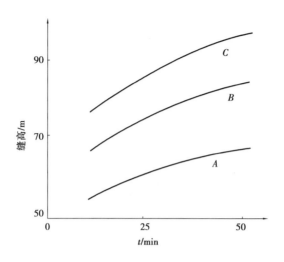

图 7.18 压裂液流变性与裂缝高度关系曲线

2)合理射孔位置

有意识提高射孔位置,可提高裂缝延伸位置(图 7.19),避开底水。DX1828、滴 104 使用了该技术。

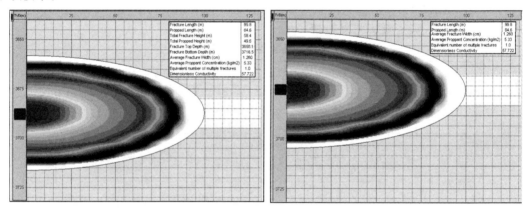

图 7.19 软件模拟提高射孔位置压裂的裂缝分布情况

3)施工排量、规模优化

①优化排量:在前置液阶段,减小排量,如减少至 3 m^3/min;正式加砂阶段,适当控制排量,如控制至 3.5 m^3/min。

②优化规模:离底水很近的产层,控制加砂与入井液体规模。滴西 176 井(12 m^3)、DX1421(25 m^3)、DX1414(30 m^3)等井使用了该技术,除滴西 176 井采用了 12 m^3 的加砂规模,仍然出水外,其他井在压裂后均不产水。

7.3.9 助排压裂液技术

通过岩心矿物成分及黏土矿物含量分析结果表明,储层岩心矿物成分复杂,含量不一,主要为黏土、石英、钾长石、斜长石、碳酸盐岩和沸石等。黏土矿物含量集中在 10% ~ 16%,主要以绿泥石、伊利石、伊/蒙混层和绿/蒙混层为主,不含膨胀性水敏黏土矿物蒙脱石,储层存在潜在的水敏水锁和固相浸入及无机沉淀的伤害,在压裂液的优化与选择上要引起足够的重视。

（1）压裂液性能评价

根据克拉美丽气田火山岩储层气藏特点和压裂工艺要求,考虑储层孔渗特征、岩心矿物成分及黏土矿物含量、储层温度与压力、储层流体性质等多方面因素,对羟丙基瓜尔胶压裂液配方耐温耐剪切、携砂性能、破胶性能、防膨性能等进行室内评价实验(表7.16—表7.19)。

1)压裂液配方性能

表 7.16 压裂液配方的基液性能

压裂液配方	浓度/%	170s^{-1}黏度/(MPa·s)	pH 值	交联比	挑挂时间/s	备注
羟丙基瓜尔胶压裂液 HPG	0.40	39	10.0 ~ 10.5	0.25 ~ 0.30	90 ~ 150	很好挑挂
	0.45	48	10.5 ~ 11.0	0.30 ~ 0.35	90 ~ 150	很好挑挂
	0.50	60	11.0 ~ 12.0	0.35 ~ 0.45	150 ~ 180	很好挑挂

2)耐温耐剪切性能

表 7.17 HPG 压裂液在 110 ℃下的耐温耐剪切性能

项目	HPG 压裂液在 110 ℃,不同时间(min)下的黏度/(MPa·s)									
时间/min	初始	10	20	30	40	50	60	80	100	120
无 APS	922.0	387.9	342.4	322.2	294.5	264.1	269.2	269.3	267.2	262.7
0.002% APS	821.2	445.2	277.0	263.5	260.2	238.1	218.1	221.5	227.0	216.6
温度/℃	33.2	79.5	102.2	107.5	109.6	110.4	110.2	110.1	110.2	110.2

表 7.18 HPG 压裂液在 100 ℃下的耐温耐剪切性能

项目	HPG 压裂液在 100 ℃,不同时间(min)下的黏度/(MPa·s)									
时间/min	初始	10	20	30	40	50	60	80	100	120
无 APS	970.2	495.9	351.0	311.7	322.5	348.1	346.8	351.0	350.9	363.8
0.005% APS	836.9	392.4	286.4	177.1	122.4	59.9	55.5	46.8	15.9	9.4
温度/℃	30.2	79.7	96.9	99.9	100.6	100.9	101.1	100.1	99.7	100.4

表 7.17 中给出,HPG 压裂液在 110 ℃无破胶剂时或加入微胶囊破胶剂时压裂液的黏度保持良好,能够满足压裂液造缝和携砂的性能要求。

3)破胶性能

破胶性能直接影响压裂液的返排,是压裂液对储层造成伤害的重要因素。在满足压裂液携砂性能的同时,通过实施尾追破胶剂用量,在低温破胶活化剂的作用下,加快破胶剂过硫酸盐自由基的分解速度,使破胶时间缩短,破胶彻底,有利于破胶液快速返排,减少对储层的伤害。

表 7.19　压裂液配方在 110 ℃、不同破胶剂浓度下的破胶性能

压裂液配方	破胶剂/%	压裂液配方在不同时间(h)下的破胶液黏度/(MPa·s)				
		1	2	4	6	8
HPG	0.005	冻胶	软胶	变稀	10.75	3.19
	0.010	软胶	变稀	9.26	3.47	2.63
	0.015	变稀	13.29	5.34	2.79	2.15

压裂液配方均可在较短的时间破胶水化,而且破胶液的黏度较低,满足储层性能要求,为现场压后强制裂缝闭合排液和尽可能降低入井流体对储层及支撑裂缝导流能力的伤害创造了条件。

4)防膨性能

使用 150-80 线性动态黏土膨胀仪,分别测试滴西井区储层岩心在蒸馏水中的膨胀高度,不同井区储层岩心在蒸馏水中的线性膨胀特性不一,膨胀高度差别较大,这与矿物成分,特别是黏土矿物及其相对含量一致。

使用 150-80 线性动态黏土膨胀仪,分别测试蒸馏水、KCl、压裂液破胶液对克拉美丽气田不同储层岩心的线性膨胀特性实验。

由克拉美丽气田火山岩储层岩心水化膨胀实验可知,滴西 14 井 3 668.05～3 670.8 m 岩心膨胀量最大为 1.625 mm,滴西 18 井 3 444.57～3 452.27 m 岩心黏土膨胀量最小为 0.373 mm。使用氯化钾后,膨胀量减小,说明氯化钾具有一定的防膨作用,能使清水的膨胀量降低。不同的黏土稳定剂具有不同的防膨效果,氯化钾和黏土稳定剂复合使用其防膨性能比单独使用要好,压裂液配方破胶液的防膨性能最好,能达到 50% 左右。

从防止或减少储层黏土矿物膨胀、运移角度出发,确定压裂液的防膨体系中加入氯化钾复合阳离子体系,同时确定的氯化钾用量为 4% 以上,阳离子防膨剂用量为 0.4%。

通过对羟丙基瓜尔胶压裂液配方耐温耐剪切、携砂性能、破胶性能、防膨性能等室内评价实验,可知目前羟丙基瓜尔胶压裂液配方可以满足克拉美丽火山岩储层压裂改造要求。

(2)压裂液新型助排剂研究

常规助排剂只是降低了压裂液的表面张力,而接触角几乎为 0,毛细管压力降低有限。通过对水锁伤害的影响因素以及机理研究,优化气层改造的压裂液助排剂,筛选了性能优良、可以增大液固两相接触角至 60° 以上的气井专用助排剂,降低毛细管压力,提高压裂液返排效率,减少储层伤害。

1)影响低渗透压裂气井水锁伤害的因素

低渗透气藏损害的根本原因是水锁效应,而造成水锁效应的因素主要包括以下 5 个方面:

①毛细管末端效应的影响。

毛细管末端效应是毛细管力阻止水流出出口端,推迟了出口端面水的流出,其结果使水聚集在出口端,造成出口端含水饱和度增加,这种出口端末端效应是由水相到达出口端后,毛细管孔道突然失去连续性所引起的一种毛细管末端效应。

在裂缝面处出现毛细管末端效应时,含水饱和度增加,是水锁效应产生的影响因素之一。裂缝面处的毛细管末端效应越明显,水锁伤害就越严重。

②毛细管压力曲线的影响。

毛细管压力曲线是毛细管压力和饱和度的关系曲线。由于一定的毛细管压力对应着一定的孔隙喉道半径,因此,毛细管压力曲线实际上包含了岩样孔隙喉道的分布规律。根据毛细管压力曲线形态能评估岩石储集性能好坏,毛细管压力曲线形态主要受孔隙喉道的分选性和喉道大小所控制,并且毛细管压力指数是孔喉尺寸分布的量度,毛细管压力指数越大表明孔隙尺寸分布越窄,水锁伤害越小。

③裂缝面处的非达西效应。

裂缝中的紊流现象增加了压力梯度,减少了有效裂缝传导能力,而有效传导能力越强,压裂气井水锁伤害越小;有效传导能力越弱,压裂气井水锁伤害越强。

④裂缝几何形状的影响。

裂缝的几何形状对水基压裂液引起的裂缝面的水锁伤害效应具有重要的影响。裂缝长度越短,水锁伤害越严重,对压裂气井造成的影响就越严重;裂缝宽度越窄,水锁伤害越严重,对压裂气井造成的影响就越严重。并且随着裂缝宽度的增加,毛细管压力越小,束缚水越少,水锁效应减轻,同时,裂缝宽度越宽,裂缝的传导能力增加。

⑤水锁侵入深度的影响。

随着水锁侵入深度的增加,排出孔隙中额外水需要的时间也会增加,水锁侵入深度越短,近井口的压力梯度就越大,进而水锁解除得就越快,含水饱和度就减小。

2)水锁伤害机理及改善方法

从造成水锁伤害的因素分析可知,造成水锁的根本原因是毛细管压力。水锁形成的初始条件是由于水基压裂液的侵入,近井地带或近裂缝面地带含水饱和度上升,形成临界含气饱和度。随后储层压力下降,受影响地带所含水转变成束缚水饱和度,而恢复不到最初的低含水饱和度状态。如果束缚水饱和度比原始含水饱和度大得多,那么气相对渗透率降低。

①热力学水锁效应。

假设储层孔隙可视为毛细管束,当驱动压力与毛细管压力平衡时,储层中未被水充满的毛细管半径 r_k 应为

$$r_k = \frac{2\sigma \cos \theta}{P} \qquad (7.4)$$

式中　σ——水的表面张力,mN/m;

θ——水的接触角,(°);

P——驱动压力,Pa。

按 Purcell 公式,渗透率 k 可表示为

$$k = \frac{\phi}{2} \sum_{r_k}^{r_{max}} r_i s_i \qquad (7.5)$$

式中　ϕ——孔隙度,%;

r_i——第 i 组毛细管的半径,m;

s_i——第 i 组毛细管体积分数,%;

r_{max}——最大孔隙半径,m。

由式(7.4)可知,液体的界面张力 $\sigma \cos \theta$ 越大,r_k 就越大,式(7.5)求和下限越高,渗透率越低。由此可知,排液过程达到平衡时的水锁效应取决于外来流体和地层水表面张力的相对

大小,若前者大于后者,则产生水锁效应;若两者相等则无水锁效应;若前者小于后者,不但无水锁效应而且会使油气增产。

②动力学水锁效应。

根据 Paiseuille 定律,毛细管中排出液的体积为

$$Q = \frac{\pi r^4}{8\mu L}\left(P - \frac{2\sigma \cos \theta}{r}\right) \tag{7.6}$$

式中　r——毛细管半径,m;

　　　L——液柱高度,m;

　　　μ——流体的黏度,MPa·s。

由式(7.6)转换为线速度,则有

$$\frac{\mathrm{d}L}{\mathrm{d}t} = \frac{r^2}{8\mu L}\left(P - \frac{2\sigma \cos \theta}{r}\right) \tag{7.7}$$

对式(7.7)积分得到从半径为 r 的毛细管中排出长为 L 的液柱所需时间为

$$t = \frac{4\mu L}{Pr^2 - 2r\sigma \cos \theta} \tag{7.8}$$

由此可知,毛细管半径 r 越小,排液时间越长,而且随着 L、μ 及 $\sigma \cos \theta$ 的增加而增加,随着 P 增加而减小。在低渗、低压的致密储层中,排液过程十分缓慢,即使外来流体在储层中的毛细管压力小于地层水在地层中的毛细管压力时,仍然会产生水锁效应。这就是水锁效应的动力学原因。

综上所述,在诸因素中,σ 及 θ 同时影响热力学和动力学水锁效应,而 r、P、L 及 μ 仅影响动力学水锁效应。对致密低压储层,尤其当压裂液浸入较深或其黏度高时,将产生较强的动力学水锁效应。

在以往的压裂液评价过程中,往往把破胶液的黏度作为压裂液性能好坏的一个重要指标。然而,任何事物均有两方面。一方面,破胶液黏度越低,返排率以及速率越高;另一方面,破胶液黏度越低,在地层中的滤失量就越大,水锁效应就越突出,特别是在低渗透、特低渗透储层中,水锁效应更为突出,从而加剧储层的伤害。

在低渗储集层压裂时为了减少水锁对地层的损害,可采取以下措施:a. 在水基压裂液中加入表面活性剂即助排剂,降低油水界面张力,增大接触角,减少毛细管力。b. 改善压裂液破胶性能,实现压裂液在地层中的彻底水化破胶,减小压裂液在地层介质中流动的黏滞阻力。c. 压裂液快速破胶,并在压裂结束后采用小油嘴,利用余压强制裂缝排液,减少压裂液在地层的滞留时间,或使用液氮、CO_2 助排等。

3)新型助排剂室内实验

①毛细管液面上升实验。

如图 7.20、图 7.21 所示,加入新型助排剂的 4% KCl 溶液毛细管液面高度下降了 3/4。

②接触角测试实验。

如图 7.22 和图 7.23 所示及表 7.20 所示,新型助排剂可以使接触角增加到接近 60°。

图 7.20　加入新型助排剂的 4% KCl 溶液上升高度

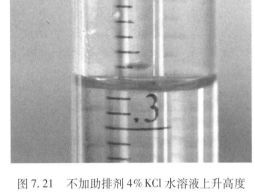

图 7.21　不加助排剂 4% KCl 水溶液上升高度

图 7.22　普通助排剂在玻璃载玻片上的示意图

图 7.23　新型助排剂在玻璃载玻片上的示意图

表 7.20　不同样品接触角测试结果

样品名称	浓度/%	θ(亲水)/(°)	$\cos\theta$/亲水	表面张力	与水的 $\cos\theta$ 比值/亲水
水	—	9.5	0.986 3	40~70	—
常规助排剂	0.5	11.5	0.979 9	28	0.99
	0.5	14	0.970 3	30	0.98
新型助排剂	0.01	49.5	0.649 4	28	0.66
	0.02	58	0.529 9	22	0.54

③水锁伤害。

通过优化气层改造的压裂液助排剂,筛选了性能优良、可以增大液固两相接触角至 60°以上的气井专用助排剂,通过改变接触角,毛细管压力降低将近 40%,大大降低了岩心对液相的吸附,进一步减少水锁,从而提高压裂液返排效率,减少压裂液对储层的伤害。

克拉美丽气田石炭系在添加气井防水锁助排剂后岩心伤害降低了近 40%,减少水锁,确定水敏为中等水敏,水锁伤害强。

④胍胶压裂液与助排剂的配伍性。

为确定助排剂与压裂液是否配伍,考察了常温下的交联状况和110 ℃耐温耐剪切状况。新型助排剂与胍胶压裂液体系具有良好的配伍性,测试110 ℃下的耐温耐剪切情况(170S^{-1}下剪切1.5 h)。该压裂液的耐温耐剪切能力较好,在110 ℃下剪切1.5 h后黏度为70.32 MPa·s,按照标准SY/T5107—2005,该压裂液可以满足携砂要求,说明新型助排剂在高温下,其性能稳定,不影响压裂液的耐温耐剪切性能。

⑤岩心伤害实验。

选取白家1井石炭系做岩心伤害对比试验,岩心长5 cm,直径2.5 cm。该井物性为:渗透率$(1.5 \sim 3.8) \times 10^{-3} \mu m^2$,孔隙度12.3% ~ 14.8%,中等偏弱水敏。压裂液中加入1%常规助排剂,静态过滤后做岩心伤害实验,伤害率94.7%;含0.01%新型助排剂的滤液,测得岩心伤害率为51.9%,岩心伤害率降低了45.2%。由此可知,新型助排剂与常规助排剂相比,新型助排剂可以大幅度降低压裂液对岩心伤害的程度。

⑥新型助排剂现场应用。

新型助排剂助排效果较好,可以大大降低对地层的污染。克拉美丽气田DX1414井、DX1424井压裂施工采用了在压裂液中加入新型助排剂,返排率分别为45%、51%,施工成功率100%,返排周期7 ~ 15 d,DX1414、DX1424压后增产效果明显,产量分别为$4 \times 10^4 \sim 5 \times 10^4 m^3/d$和$29 \times 10^4 m^3/d$以上。常规助排剂井,助排率为35.1% ~ 53.9%,说明新型助排剂助排效果较好,可以降低对地层的污染。

7.4 火山岩压裂案例

7.4.1 施工目的

DX1428井是克拉美丽气田滴西14井区的一口评价井,目的层主要为石炭系。通过对DX1428井目的层段进行水力压裂形成高导流能力的人工裂缝,完善油层渗流系统,提高地层渗透性,提高单井产量。

7.4.2 设计依据

(1)基本数据

该井实际完钻井深3 795 m,层位为石炭系巴山组。根据测、录井分析结果,DX1428井石炭系目的层3 728 ~ 3 719 m、3 703 ~ 3 698 m、3 692 ~ 3 687 m,岩性为玄武岩、英安岩,含气饱和度56.7% ~ 72.31%,电测解释为气层,气测解释为气层,录井解释为气层,综合解释为气层。该井所在区域滴西14井区石炭系属中孔、低渗储层,储层物性较差。

(2)岩石力学分析

目的层平均最小水平主应力62.4 MPa,弹性模量26 209 MPa,泊松比0.12,与上部地层最小主应力相差约9 MPa,与下部地层最小主应力相差约7 MPa。

7.4.3　设计指标

（1）对该井措施层的认识

石炭系储层属坚硬致密岩性,对砂比敏感;地层闭合压力高,要求支撑剂有良好的长期导流能力;必须考虑压裂液本身低伤害,工艺上做到快速返排;采用前置液段塞工艺技术,以打磨射孔孔眼减少射孔摩阻并且充填裂缝减少压裂液滤失;根据邻井滴西 14 井施工经验及压后解释液体效率中的状况,前置液比例≥45.6%。

（2）施工排量选择

压裂施工采用 3.5~3.6 m^3/min 排量。

（3）压裂液的确定

采用耐温性能较好的 HB-100 水基胍胶压裂液。压裂液中加入 6% KCl,以提高压裂液的防膨性能。在压裂液中加入新型助排剂。

（4）支撑剂选择

取本次压裂目的层闭合压力约为 62.4 MPa,扣除井底流压因素,作用在支撑剂上的压力为 40.0 MPa 左右,采用强度高、破碎率低的中密高强陶粒能够满足该井的需要,见表 7.21。

表 7.21　高强陶粒检测报告数据表

项目	标准	CARBO PROP	CARBO LITE	CARBO PROP	CARBO LITE	腾飞高强	宜兴中强	宜兴高强
粒径范围/目	—	20~40	20~40	20~40	20~40	20~40	20~40	20~40
视密度/($g \cdot cm^{-3}$)	—	3.27	2.71	3.29	2.69	3.22	2.727	3.22
体积密度/($g \cdot cm^{-3}$)	—	1.88	1.62	2.11	1.59	1.74	1.71	1.73
圆度	>0.8	0.9	0.9	0.87	0.9	0.88	0.89	0.9
球度	<0.8	0.9	0.9	0.9	0.9	0.92	0.93	0.9
浊度/($mg \cdot L^{-1}$)	<100	—	—	23	48	51	36.7	22.6
酸溶解度/%	<5~7	4.5	1.7	5.07	4.8	4.91	7.4	7.18
筛析率/%	>90	94	93	99.42	99.8	99.29	95.98	94.58
抗破碎能力/%/52 MPa	<10	1.4	4.3	2.94	5.6	9.54	9.224	1.65
抗破碎能力/%/69 MPa	<10	4.7	8.3	6.96	13.0	19.00	16.3	4.78
抗破碎能力/%/86 MPa	<10	8.6	—	12.32	26.0	25.39	21.51	—
抗破碎能力/%/103.4 MPa	<10	—	—	—	—	—	—	—

（5）施工压力计算

根据邻井压裂施工数据以及岩石力学参数数据,该井破裂压力梯度取值为 0.016 8 MPa/m,施工排量以 3.0、3.5、3.6、4.0、4.5 m^3/min 为考虑,采用全 2 $^7/_8''$ 油管进液计算的井口压力值见表 7.22。

表 7.22　施工井口压力计算表

项目 \ 内容	泵注排量 /(m³·min⁻¹)	液柱压力 /MPa	井底破裂压力 /MPa	摩阻损失 /MPa	最高泵压 /MPa
2 ⁷/₈″×3 707 m	3.0	36.4	62.4	30.26	56.26
	3.5	36.4	62.4	40.92	66.92
	3.6	36.4	62.4	42.52	68.52
	4.0	36.4	62.4	48.84	74.84
	4.5	36.4	62.4	62.24	88.24

（6）施工砂比选择

由于目的层储层属坚硬致密岩性，很难形成理想的水力裂缝宽度，对砂比敏感，最高砂比不宜超过 30%，因此建议本次采用较低砂比施工。

（7）施工规模的确定

采用 FRACPROPT 三维压裂设计软件，对不同砂量所能造成的水力裂缝形态和其相应的产能情况进行预测，见表 7.23。

表 7.23　不同加砂规模裂缝模拟表

序号	排量 /(m³·min⁻¹)	加砂量 /m³	L_f /m	L_p /m	H_f /m	H_p /m	W_f /mm	支撑裂缝延伸范围 /m	压后产量预测(按流压 15MPa，×10⁴ m³/d) 30	60	120
1	3.6	15.0	96.7	84.8	43.0	39.8	7.5	3 686.1~3 729.1	11.1	9.1	7.2
2	3.6	20.0	105.5	98.7	46.8	43.1	7.5	3 684.3~3 731.1	11.8	9.8	7.7
3	3.6	25.0	114.2	105.3	50.5	46.6	7.5	3 682.5~3 733.0	12.6	10.3	8.0
4	3.6	30.0	122.2	114.6	53.3	50.0	7.5	3 681.3~3 734.6	13.2	10.8	8.2
5	3.6	35.0	129.8	122.3	56.0	53.1	7.5	3 680.1~3 736.1	13.7	11.5	8.5

（8）设计参数及模拟裂缝参数

根据岩石力学参数计算结果设置地应力参数，采用 FRACPROPT 三维压裂设计软件进行水力压裂裂缝模拟，模拟数据以及设计参数见表 7.24。

表 7.24　水力压裂裂缝模拟数据

施工排量	3.5~3.6 m³/min	动态半缝长	122.2 m
前置液量	140.0 m³	支撑半缝长	114.6 m
携砂液量	164.6 m³	动态裂缝高度	53.3 m
顶替液量	11.6 m³	支撑裂缝高度	50.0 m

续表

总液量	316.2 m³	最高施工泵压	68.5 MPa
支撑剂总用量	5 + 35 m³	平均支撑缝宽	7.5 mm
前置液百分比	45.9%	平均砂比	18.2%

7.4.4　泵注程序

设计泵注程序见表 7.25。

表 7.25　泵注程序表

序号	作业内容	排量 /(m³·min⁻¹)	压力 /MPa	砂比 /%	砂比 (质量)	砂量 /m³	阶段液量 /m³	时间 /min	备注
1	循环/试压	—	70	—	—	—	5.0	—	原液
2	低替	1.0 ~ 1.5	—	—	—	—	45.0	30.0	原液
3	前置液	2.8		—	—	—	20.0	8.9	压裂液
	前置液段塞	2.8		8	138.4	2.0	25.0	8.9	压裂液 + 40/70 目粉陶
	前置液	2.8		—	—	—	30.0	10.7	压裂液
	前置液段塞	2.8		10	173.0	3.0	30.0	10.7	压裂液 + 40/70 目粉陶
	前置液	2.8		—	—	—	30.0	10.7	压裂液
	前置液总量(140.0 m³)								—
4	携砂液 164.6 m³	3.6		10	173.0	3.0	30.0	8.3	压裂液 + 30/50 目宜兴中密高强陶粒 12 m³
		3.6	—	14	242.2	3.0	35.7	9.9	
		3.6	—	18	311.4	5.0	33.3	9.3	
		3.6	—	22	380.6	6.0	36.4	10.1	
		3.6	—	26	449.8	5.0	19.2	5.3	
		3.6	—	30	519.0	3.0	10.0	2.8	
5	顶替液	3.6	—	—	—	—	11.6	3.2	原液
6	停泵测压降(地层闭合)							45.0	—
7	总计	—	—	18.2	—	30.0 + 5.0	366.2	174.0	—

注:1. 油管限压 70.0 MPa,套管限压 40.0 MPa;

　　2. 总液量 475.0 m³(原液 425.0 m³,交联 50.0 m³);

　　3. 备胶囊破胶剂 125.0 kg

7.4.5　完井管柱

采用 KQ70/78-65 采气井口。压裂管串结构(从下到上):$2^7/_8''$ UPTBG 油管 2 根 + 校深短节 +$2^7/_8''$ UPTBG 油管 + 油管挂至 KQ70/78-65 采气树。

第 **8** 章
页岩气储层压裂工艺

8.1 页岩气开发现状

8.1.1 页岩气藏的认识过程

长期以来,页岩一直被认为是一种盖岩,钻井人员在钻井过程中直接穿越页岩层段开采砂岩或碳酸盐岩储层。随着全球油气资源结构的变化,天然气需求的日益增长,以及油田新技术的不断发展,在地质、经济和技术等方面的有机结合下,页岩气藏终于得到了应有的重视,并日益成为天然气勘探开发的重要领域。

全球第一口商业性页岩气井钻探始于 1821 年,美国页岩气藏开发至今已有 200 年历史,参与的企业从 2005 年的 23 家发展到 2007 年的 64 家。BP、Shell 等一批大型石油公司在 20 世纪 80 年代初由于油价低相继卖掉了此项业务,目前又重新购买区块、开展页岩气的勘探开发。

8.1.2 页岩气特征

页岩是一种渗透率极低的沉积岩,通常被认为是油气运移的天然遮挡。在含气油页岩中,气产自其本身,页岩既是气源岩,又是储层。天然气可以储存在页岩岩石颗粒之间的孔隙空间裂缝中,也可以吸附在页岩中有机物的表面上。

对于常规气藏而言,天然气从气源岩运移到砂岩或碳酸盐岩地层中,并聚集在构造或地层圈闭内,其下通常是气水界面。与常规气藏相比,含气页岩被看成非常规气藏。

页岩气藏特征如下:

①超低渗。典型的页岩渗透率为 0.000 1 mD。

②低孔。页岩气藏的孔隙度小于 5%。

③天然裂缝发育。

④含气量大(每段为 $5 \times 10^9 \sim 50 \times 10^9 \, \text{ft}^3$)。

⑤采收率变化大(8% ~20%)。

⑥游离状态天然气含量变化于 20% ~85%。

⑦递减率通常小于每年5%（一般为2%～3%）。

⑧厚度很大（最厚达450 m）。

⑨富含有机物（总有机碳1%～20%）。

⑩油藏依赖天然裂缝系统提供孔隙度和渗透率。

⑪生产寿命长（30～50 a），Barnett页岩开采寿命可达80～100 a。

8.1.3 页岩气藏资源评价

近年来，北美地区页岩气的开发呈现出良好的势头，其技术的应用代表了目前页岩气藏的开发技术现状。

（1）北美页岩气藏资源评价

2000年以来，相关勘探开发技术得到广泛应用，页岩气的年产量和经济技术可采储量迅速攀升。2000年，美国页岩气年产量为122×10^8 m³，2002年、2004年页岩气产量分别占其天然气总产量的3%和4%。美国联邦地质调查局（USGS）研究数据表明，FortWorth盆地中部Barnett组页岩气技术可采储量提高到2004年的$7 300 \times 10^8$ m³。美国天然气研究所的研究数据表明，2005年页岩气技术可采储量为$11 000 \times 10^8$ m³。截至2006年，美国有页岩气井40 000余口，页岩气年生产量为311×10^8 m³，占天然气总产量的6%。2007美国页岩气生产井近42 000口，页岩气年产量为450×10^8 m³，约占美国年天然气总产量的8%。参与页岩气开发的石油企业从2005年的23家发展到2007年的64家。根据页岩气可采资源底数和开采潜力，页岩气成为继致密砂岩气和煤层气之后的第三种重要资源。

（2）中国页岩气藏资源评价

根据页岩气聚集的机理条件和中美两国页岩气地质条件的相似性对比结果，中国页岩气富集地质条件优越，具有与美国大致相同的页岩气资源前景及开发潜力。

中国含气页岩具有高有机质丰度、高有机质热演化程度及高后期改造程度等"三高"特点，页岩气具有海陆相共存、沉积分区控制以及分布多样复杂等特点。

总体而言，中国页岩气可采资源量约为26×10^{12} m³，大致与美国的28×10^{12} m³相当。

海相页岩在中国有广泛的发育和分布，层位集中出现在古生界，从早寒武世（距今540 Ma）开始以来，先后形成了十多套特点各异、连续发育和区域分布的优质页岩层系。其中，仅在距今290 Ma的古生代内就形成了八套广泛发育的海相、海陆过渡相黑色页岩，它们多与碳酸盐岩或其他碎屑岩共生，具有延伸时代长、发育层系多、地域分布广、构造改造强烈及后期保存多样化等特点，陆上沉积面积达到330×10^4 km²。这些页岩埋藏浅，变动强，常规油气藏难以形成，而页岩气可构成主要的资源类型。目前，中国陆上页岩气藏的开发还处于起始阶段。

8.1.4 页岩气藏开发技术特点

岩石内必须具备足够的通道，使天然气流入井筒、产至地面。在页岩中，气源岩中裂缝引起的渗透性在一定程度上可以补偿基质的低渗透率。含气页岩中的天然裂缝虽然具有一定的作用，但是通常无法提供经济开采所需的渗透通道。多数含气页岩都需要实施水力压裂。

以美国Barnett页岩的开发为例说明，Barnett页岩气藏开发经历了几个不同发展阶段。1981—1985年：直井，泡沫压裂、氮气辅助。1985—1998年：直井，胶联凝胶压裂、氮气辅助、降滤失剂等。1998—2003 年:直井,减阻水压裂。减阻水压裂目前仍是直井的主要压裂方式。针对由凝胶压裂的井在能量衰竭后,发展了用清水进行二次压裂技术。2003 年至今:长水平段水平井,采用多级压裂。为了更好地利用储层中的天然裂缝,并且使井筒穿越更多储层,越来越多的作业者都在应用水平钻井技术。它对扩大页岩气成功开发的战果有着重大的意义。除水平井技术之外,其他技术也发挥了重要作用,如通过采用三维地震解释技术能够更好地设计水平井轨迹。在地质条件满足的基础上,页岩气经济产量的实现在很大程度上还依赖完井技术。

8.2　页岩气藏增产改造难点分析

8.2.1　沟通天然裂缝保证改造有效性

页岩气藏的储集空间多数都是以裂缝为主,仅有少数以次生孔隙为主。运移通道则都是由高角度裂缝来充当,尤其是构造裂缝,因为其具有良好的连通条件而成为油气运移的主要通道。如果构造缝上方具备良好的遮挡条件,它也可以成为好的储集空间。而在很多页岩裂缝型油气藏中广泛分布的微裂缝,虽然宽度并不大,但是在被有效连通的情况下,一样能成为重要的储油裂缝。

从扫描电镜照片中可知,微裂缝最宽不超过 5 μm,一条较宽的微裂缝常和几条更细的微裂缝连通起来,形成网络状的系统。微孔隙有的和微裂缝连通,有的则连通不好,甚至为孤立的微孔,而且微孔隙常被自生伊利石和石英充填。

8.2.2　制造裂缝网络成为关键

合理应用压裂液、支撑剂,设置施工参数、压裂规模、簇间距,选择合理完井方式,选择分层压裂技术、缝间干扰技术,制造裂缝网络,成为提高页岩产量的关键。

8.2.3　滤失对压裂施工造成工程风险

①天然裂缝的大量存在,压裂液大量滤失,导致压裂液效率过低,不能形成有效支撑缝宽,易造成加砂过程中过早脱砂。

②压裂施工在沟通储层天然裂缝的同时,难以形成有效主裂缝,裂缝的形态、方位、尺寸和微裂缝发育程度和位置不清。

③为满足高滤失下动态缝宽的扩展,压裂施工中需要压裂液的高排量注入,而较高排量会造成较高的井筒摩阻,对施工压力控制带来较大风险。

8.2.4　伤害评价

①水敏伤害:压裂液的注入可使裂缝缝壁的黏土矿物扩散双电层厚度增加,再加上膨胀作用,导致裂缝变窄,甚至使部分微裂缝闭合。

②应力敏感伤害:压力敏感性试验结果表明,裂缝/孔隙型储集层属强应力敏感。压力小于 20 MPa 时,裂缝宽度和渗透率急剧下降,压力超过 20 MPa 以后裂缝宽度下降减缓。初始裂

缝越宽的岩心应力敏感越严重,但最终渗透率还较高,小裂缝应力敏感虽弱而最终渗透率却低,压力对小裂缝的影响远大于大裂缝。对裂缝不发育地区受到压力下降的影响更大,储层渗透性更易受到破坏。

③速敏伤害:岩石中黏土矿物或白云石矿物体积常比孔隙大,不可能在孔隙中再移动。矿物(颗粒)多为沉积成因,压实作用强烈,颗粒堆积紧密。基块为特低孔、特低渗,不可能产生高速流,但裂缝速敏性较强。缝壁的黏土矿物或泥晶白云石在快速流体的作用下容易脱落,加上它们的晶体体积略小于裂缝宽度,容易在裂缝中形成桥塞。

8.2.5　支撑剂嵌入

页岩储层的支撑剂嵌入,严重影响压后高导流能力通道的建立:高的泥质含量使得地层偏软,岩石的塑性增强,导致支撑剂嵌入严重,支撑缝宽变窄,大大降低压后支撑裂缝的有效导流能力。

8.3　页岩气藏压裂技术

8.3.1　压裂理念

捕获页岩中的所有油气,造网状缝,最大限度地沟通储层中所有裂缝。选择富集区块,沿着水平井方向分级压裂,沟通储层。

8.3.2　压裂设计

①可压裂性评价:脆性、天然裂缝发育、地应力差。

②采用低黏度压裂液、减阻水,制造裂缝网络。

③射孔优化:按照下列特性选择射孔位置:a. 高杨氏模量低泊松比;b. 测井解释孔隙度较高(主要参照声波);c. TOC 含量较高(主要参照密度);d. 录井气测显示好;e. 固井质量好;f. 避开套管接箍位置。

④一般采用射孔电缆桥塞分段压裂,每段 3~6 簇。可钻桥塞分段多级压裂技术的关键工具是可钻桥塞。目前,国外复合材料可钻桥塞比较成熟,BakerHug hes 公司的 QUICK Drill 桥塞、Halliburton 公司的 Fas Drill 桥塞等都是非常成熟的复合材料桥塞。这种复合材料桥塞可钻性强,耐压耐温都比较高:QUICK Drill 桥塞耐压可达 86 MPa,耐温达到 232 ℃;Fas Drill 桥塞耐压可达 70 MPa,耐温达到 177 ℃。

⑤簇间距:对多簇射孔,数值模拟结果表明,过小的簇间距会产生较强的缝间干扰,影响压后产量。簇间距范围在 25~30 m 较好。

⑥前置酸降低施工压力的效果明显,一般可降低 15~30 MPa,最多降低 40 MPa。根据储层岩性选择 15% HCl 或 15% HCl + 1.5% HF。

⑦加砂强度 0.6~0.8 m^3/m,单段 50~80m^3 为主;大规模压裂注液加砂,可以增加有效改造体积与接触面积,是体积压裂的需要,单段液体 1 500~2 000 m^3 为主。

⑧抑近扩远,先用一段高黏液体,降低近井地带的复杂程度。

⑨大排量可提供裂缝转向后扩展需要的净压力,提高携砂能力。大排量可纵向穿透多层,增加应力干扰程度。每簇裂缝至少保证 4 m³/min 排量。

⑩设计 W 形布缝有利于渗流,与储层物性、水平段的穿行轨迹相匹配。

⑪页岩气宽带压裂技术。目的是裂缝复杂化,裂缝在整个改造区域分布均匀,避免局部裂缝发育。分流暂堵宽带压裂工艺包括两个部分:第一部分是用前置液注入井中后,随后进行加砂进行压裂,按照常规注入顺序渐渐提高加砂含量至最高,直到所有加砂阶段完结。注入浓度较大的暂堵材料时排量 0.8 ~ 0.96 m³/min。随后以之前设计的排量注入顶替液。当顶替液还剩下 6 ~ 10 m³ 时,将顶替液排量降低到 3.2 m³/min 的排量。一旦转向压裂液都进入炮眼,封堵就算较为顺利,裂缝内能够发生转向。第二部分施工作业,首先注入前置液,之后的操作除了支撑剂和压裂液注入量比传统作业少 1/2 以外,与第一部分相同。采用微地震监测和施工压力监测,试验井采用宽带技术,对照井采用传统的压裂技术,分流压裂技术在暂堵转向压力上较显著。分流暂堵宽带压裂技术能够充分改造油层,从而扩大泄流面积,提高采收率。

⑫水平井水力喷射分段压裂技术。该技术是集射孔、压裂、封隔于一体的新型增产改造技术。利用水力喷射工具实施分段压裂,不需封隔器和桥塞等封隔工具,自动封堵,封隔准确。水力喷射分段压裂技术可以选用油管或连续油管作为作业管柱,使用范围广,套管完井、筛管完井和裸眼完井都适用。其施工工艺分为拖动管柱式和不动管柱式。不动管柱式使用喷射器为滑套式喷射器,可实现多级压裂。拖动管柱式的优点在于,连续拖动施工管柱可以节省很多时间,降低施工成本,另外由于依靠水力喷射射孔定位准确,因此压裂针对性强,对改造层段控制性高。在全世界范围内,该项技术发展迅速,由美国开始逐渐扩展到加拿大、巴西、哈萨克斯坦、俄罗斯和中国等国家。

⑬水平井多井同步压裂技术。同步压裂技术是页岩气储层改造的另一项重要技术。将两口或者更多的相邻井之间同时用多套车组进行分段多簇压裂,或者相邻井之间进行拉链式交替压裂,让储层的页岩承受更高的压力,增强邻井之间的应力干扰,从而产生更加复杂的裂缝网络,最终改变近井地带的应力场。这种复杂的裂缝网络依靠增加裂缝密度和裂缝壁面表面积而形成"三维裂缝网络",增加压裂改造的波及体积,从而提高产量和最终采收率。该技术在北美 Woodford 页岩和 Barnett 页岩改造中应用广泛,并取得了较好的效果。St1H 和 St2H 井进行了同步压裂,压后第 1 月累计产量和第 2 月累计产量均高于其他未同步压裂井,产量增幅为 21% ~ 55%。

8.3.3　压裂液选择

(1)聚合物滑溜水技术

该工艺方法成熟,大约占到所有增产措施方法的 55% 左右,而且还在增加。该技术要求相对较低,对该井属于先导试验性措施工作,适宜采用成熟的、简单的工艺,避免由于工艺复杂造成施工结论不清的情况。使用施工材料简单,相对措施成本较低。在施工规模较大的情况下,较长的裂缝沟通尽可能多的储层,动用的储层充分。

滑溜水黏度低,穿透能力强,进入分枝裂缝中,制造缝网。具有一定黏度,提供净压力,开启天然裂缝。携砂能力强。缝内净压力均匀,可以形成较为复杂的体积网状缝。摩擦阻力低,易于提高排量。中黏液体注入时净压力偏高,造缝能力强,利于增加缝宽。前期加入制造主缝,为后期宽网压裂创造条件。后期加入可以形成较为理想的主长缝,并形成高导流通道。

（2）清洁压裂液 ClearFRAC 的应用

在 Barnett 页岩压裂过程中一般使用降阻水进行施工，但是其他页岩开发区的作业者发现，压裂过程中存在水力压裂裂缝中支撑剂充填不充分的情况。为了解决该问题，一些作业者采用了清洁压裂液或纤维压裂技术来延长支撑剂悬浮时间。

清洁压裂液除了支撑剂本身以外，不含可能降低裂缝渗透率的聚合物成分，并且可以与富含有机物的页岩配伍，在压裂措施方面具有明显的优势。

20 世纪 90 年代，斯伦贝谢公司在黏弹性表面活性剂的基础上开发出了无聚合物的水基压裂液 ClearFRAC，通常称为"清洁压裂液"。该技术的基础是采用同时具有亲水和亲油的基团的表面活性剂，当其溶于水时，在基团与水分子间的作用力驱动下，其分子相互吸引形成胶束结构，整个胶束结构的表面形成亲水的特征，其形状通常呈球形。当水溶液中某种特定的盐浓度达到一定值时，胶束会形成类似于聚合物纤维一样的杆状结构，这种杆状结构相互缠绕表现出黏弹性的特征，从而表现出一定的黏度和拟固弹性的特征。在施工结束以后，通过在预前置液使用破胶剂或储层产液的作用下，清洁压裂液的杆状缠绕结构会发生变化，再次形成球状的胶束结构，失去黏性的特征，非常容易从裂缝中返排出来。尽管清洁压裂液的分子聚集形成一定长度的杆状结构，但相比与聚合物的分子量大小，却是数量级的降低，在降低储层损害方面获得极大的改善。

（3）纤维压裂技术 FIberFRAC

在压裂过程中，支撑剂都存在沉降的情况，其沉降的程度对最终的裂缝几何形态影响非常大。如果沉降的速度高，支撑剂可能会集中在裂缝的底部，极端情况下会出现上部裂缝在开启以后由于没有支持出现裂缝闭合的情况，这也是在降阻水大型压裂施工可能出现的情况，如图8.1 所示。

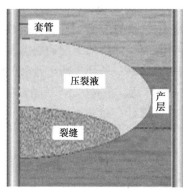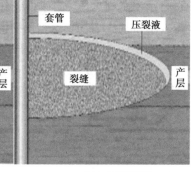

（a）没有采用纤维情况　　　　　　　　（b）添加纤维情况

图8.1　添加纤维后沉降示意图

泵注液体的黏度非常低，其携砂完全靠大排量泵注所产生的紊流来携带支撑剂前进，而页岩较低的渗透率导致相对较长的闭合时间，进一步促进了支撑剂的沉降作用。目前针对这个问题，斯伦贝谢公司利用纤维的物理支撑作用，使用非常低的线性胶溶液实现页岩气进行高砂比泵注，降低液体用量，支撑剂在纤维的拖曳支撑下，基本保持在裂缝中的原来位置，获得较好的裂缝形态，同时保持裂缝非常高的导流能力。

8.3.4　支撑剂选择

页岩气储层裂缝系统复杂,多簇、多缝进液,缝宽不足,选用以小粒径支撑剂为主体的支撑剂,一般选择 100 目粉陶 + 40/70 目树脂砂(主体) + 30/50 目树脂砂(或陶粒)。采用 100 目支撑剂在前置液阶段做段塞,降滤、打磨,支撑缝网;中后期选择 40/70 目 + 30/50 目支撑剂组合,增加裂缝导流能力;垂深较浅井选用树脂覆膜砂,具有低磨蚀、抗嵌入、低密度、易于携带的特点;可以形成理想的纵向支撑剖面;较深井采用低密度覆膜陶粒。压裂过程中,天然裂缝不断开启,段塞式加入支撑剂,逐次封堵先前裂缝,开启新的裂缝,实现复杂裂缝系统。支撑剂颗粒、砂比逐渐增大打造高导流通道,形成阶梯性导流能力。

8.3.5　对压裂裂缝进行微地震监测

在监测井利用微地震监测裂缝;利用 Hodograms 进行方位分析;使用微地震系统对微裂缝进行近实时分析;可以重新设计下一次压裂。

8.3.6　典型设计参数

水平段长 1 000 ~ 2 156 m;最大井深:(垂深)4 662 m、(测深)5 880 m;最大闭合压力:109 MPa;压裂段数:12 ~ 26 段,每段 4 簇;施工液量:20 000 ~ 46 000 m^3;施工排量:12 ~ 15.8 m^3/min;每段滑溜水量:1 500 ~ 1 800 m^3;每段胶液用量:400 ~ 1 500 m^3;每段加砂用量:50 ~ 115 m^3;加砂类型:树脂覆膜砂(陶粒)、100 目粉陶;施工压力:40 ~ 110 MPa;每段前置酸量:10 ~ 40 m^3。

8.3.7　施工工序

水平井多级可钻式桥塞封隔分段压裂技术的主要特点是套管压裂、多段分簇射孔、可钻式桥塞(钻时小于 15 min)封隔。该技术的施工步骤大致如下:

①第一段采用油管或者连续油管传输射孔,提出射孔枪。从套管内进行第一段压裂。
②用液体泵送电缆 + 射孔枪 + 可钻桥塞工具入井。
③坐封桥塞,射孔枪与桥塞分离,试压。
④拖动电缆带射孔枪至射孔段,射孔,提出射孔枪。
⑤压裂第二段。
⑥重复①—⑥,实现多级压裂。

8.4　页岩气藏压裂设计案例

8.4.1　基础参数

某井龙马溪组最有利的页岩气藏位于 2 377.5 ~ 2 415.5 m,共 38 m。该井解释气层主要集中在 2 769 ~ 3 800 m 水平井段。测井解释平均孔隙度为 2.55%。长英质等脆性矿物含量明显较高,含量一般为 50.9% ~ 80.3%。水平井段泊松比平均值为 0.23,杨氏模量平均值

46.19 GPa。最大主应力为 63.50 MPa,最小主应力为 47.39 MPa,水平地应力差异系数 34%,具备较好可压性,有利于压裂改造。目的层岩性为灰黑色粉砂质页岩及灰黑色碳质页岩,页岩页理发育。平均含气量为 4.63 m³/t,吸附气占 54%;有机质类型为 Ⅰ-Ⅱ 型,储层 TOC 为 4.5%;压力系数为 1.45;地层温度 81 ℃;孔隙度范围为 1.17% ~ 7.72%;渗透率为 0.001 ~ 0.12 mD;目的层脆性矿物含量较高,脆性指数约为 0.5 ~ 0.6;两向水平应力差异大,约为 34%;破裂梯度 0.023 MPa/m;井筒方位与最小主应力方向夹角为 37°。

8.4.2 分段压裂总体思路

焦页 1-3HF 井进行分段压裂设计的总体思路如下:

①参照焦页 1HF 井模式,设计 15 段,增加规模,对比分析规模对产量的影响,同时针对压裂过程中可能出现的压窜问题,在施工过程中邻井焦页 1 HF 井下入井下压力计进行实时监测,并做好相应的应急预案。

②水平应力差异系数大,但脆性较好,经过焦页 1 HF 井压裂后分析,主要以复杂裂缝形成为主。储层层理发育,纵向延伸难度大,增加排量,提高净压力,使缝高在储层中延伸,打开页理层理,增大裂缝的复杂程度。

③与焦页 1 HF 井已压裂层段坐标比对分析,采用单段不同簇数及规模,控制裂缝长度,避免影响邻井生产。

④采用组合加砂、混合压裂模式,提高裂缝导流能力和连通性,增加有效改造体积。

⑤参照焦页 1 HF 井模式,采用组合加砂、混合压裂方式,增加有效改造体积,该井采用 100 目粉陶 + 40/70 目树脂覆膜砂 + 30/50 目树脂覆膜砂支撑剂组合,选用滑溜水 + 胶液液体组合。

⑥采用前置盐酸处理,降低破裂压力;活性胶液平衡顶替,避免过顶替,保持近井带导流能力。

⑦同步破胶、快速返排,减小储层伤害。

8.4.3 分段压裂完井工具优选

该井为套管完井,采用可返排式压裂复合桥塞和射孔联作工艺技术,选用 104.8 mm 外径(套管内径 115.02 mm)的可钻式复合压裂桥塞(带球),桥塞上下双向耐压 70 MPa,耐温 149 ℃,桥塞斜面结构有利于以井下条件许可的尽可能快的速度下入,采取水力泵送的方式,需配合 105 MPa 防喷管进行施工。

8.4.4 分段优化设计

该方案以水平段地层岩性特征、岩石矿物组成、油气显示、电性特征(GR、电阻率和三孔隙度测井)为基础,结合岩石力学参数、固井质量,同时参照焦页 1 HF 井压裂分段坐标情况,对焦页 1-3 HF 井龙马溪组(2 769 ~ 3 770 m)水平段进行划分。综合考虑各单因素压裂分段设计结果,重点参考层段物性、岩性、电性特征及固井质量 4 项因素进行综合压裂分段设计,共分为 15 段。

8.4.5　射孔及压裂层段优化

水平段采用簇式均匀射孔,按照高杨氏模量低泊松比、测井解释孔隙度较高(主要参照声波)、TOC 含量较高(主要参照密度)、录井气测显示好、固井质量、避开套管接箍位置 6 个方面的原则确定射孔位置。具体压裂分段及射孔分段位置见表8.1。该井采用每段 2~3 簇射孔,1.0~1.5 m/簇。螺旋布孔,20 孔/m,60°相位角,穿深大于 650 mm。射孔参数见表8.1。

表 8.1　焦页 1-3 HF 井推荐射孔方案

分段序号	射孔簇数	每簇长度/m	每段射孔长度/m	孔密/(孔·m⁻¹)	相位角/(°)	枪型	枪身耐压/MPa
1、2、3、4、5、10、11、14、15	2	1.5	3	20	60	89	140
6、7、8、9、12、13	3	1	3	20	60	89	140

第一段采用连续油管传输射孔,其他段采用泵送桥塞联作射孔工艺,按照表8.1射孔方案进行射孔。

8.4.6　井口装置选择

井口结构(自下而上):压裂井口 + 130 – 105 MPa × 180 – 70 MPa 变径法兰 + 180 – 70 MPa × 130 – 70 MPa 变径法兰 + 70 MPa 防喷管转换法兰 + 70 MPa 防喷管 + 专用连续油管四闸板防喷器组 + 防喷盒 + 连续油管注入头。

8.4.7　滑溜水体系

(1)主体配方

滑溜水体系:0.2%高效减阻剂 + 0.3%复合防膨剂 + 0.1%复合增效剂 + 0.02%消泡剂。高效减阻剂为固体粉末,其他为液体。

(2)产品特点

①降阻率大于 70%,伤害率小于 10%,易返排,黏度可调。

②滑溜水携砂比大于 10%。

③能够进行大型压裂连续混配施工(一天 2~3 段)。

8.4.8　胶液体系

(1)主体配方

SRLG-2 胶液体系:0.3%低分子稠化剂 + 0.3%流变助剂 + 0.15%复合增效剂 + 0.05%黏度调节剂 + 0.02%消泡剂。

(2)胶液性能

胶液水化性好,基本无残渣,悬砂好,裂缝有效支撑好,返排效果好。

8.4.9　酸液优选

预处理酸液:单段盐酸酸液用量为 8 m³,有效降低破裂压力;预处理酸配方:15% HCl +

2.0%缓蚀剂+1.5%助排剂+2.0%黏土稳定剂+1.5%铁离子稳定剂。

8.4.10 支撑剂选择

页岩储层压裂通常选择100目支撑剂在前置液阶段做段塞,封堵天然裂缝,减低滤失,为了增加裂缝导流能力,降低砂堵风险,中后期携砂液选择40/70目支撑剂+更大粒径30/50目。闭合应力较高(51 MPa),考虑地层杨氏模量较低,地层偏软,宜采用树脂覆膜砂,可有效降低支撑剂嵌入程度,而且树脂覆膜砂破碎率小于5%可满足施工要求。考虑支撑剂耐压性、支撑剂嵌入情况及价格等因素,焦页1-3HF井采用100目粉陶+40/70目树脂覆膜砂+30/50目树脂覆膜砂。

8.4.11 施工参数优化设计

设计要点如下:

①15段36簇,单段2~3簇,簇间距平均27 m。

②排量以12~14 m³/min为准。

③第1、2、4、6段,加大规模,单段液量设计为1 600 m³,加砂规模为80 m³。

④第7段,加大规模,单段液量设计为1 800 m³,加砂规模为90 m³。

⑤第8、13、15段,适当控制规模,单段液量设计为1 520 m³,加砂规模为75 m³。

⑥第9、12段,单段液量设计为1 400 m³,加砂规模为70 m³。

⑦第3、5、11段,单段液量设计为1 300 m³,加砂规模为70 m³。

⑧第10、14段,单段液量设计为1 200 m³,加砂规模为65 m³。

8.4.12 施工压力

该井生产套管为ϕ139.7×12.34 P110T管材,抗内压强度117.3 MPa,抗外挤强度128 MPa。考虑套管材质、施工安全限压、压力安全窗口影响,设计施工排量为12~14 m³/min,预计施工压力为70~80 MPa。

8.4.13 泵注程序

页岩气压裂典型泵注程序见表8.2。

表8.2 页岩气典型泵注程序

阶段	液体类型	排量/(m³·min⁻¹)	净液体积/m³	累积净液量/m³	砂比/%	砂浓度/(kg·m⁻³)	阶段砂量/kg	阶段砂量/m³	累计砂量/kg	累计砂量/m³	备注
1	15% HCl	1	8	—	—	—	—	—	—	—	阶梯升
	滑溜水	2-4-6-8	90	90	—	—	—	—	—	—	
2	滑溜水	10	55	145	—	—	—	—	—	—	
3	滑溜水	12	35	180	2.00	28.80	1 008	0.7	1 008	0.7	100目
4	滑溜水	12	40	220	—	—	—	—	—	—	
5	滑溜水	14	40	260	3.00	43.20	1 728	1.2	2 736	1.9	100目

阶段	液体类型	排量 /(m³·min⁻¹)	净液体积	累积净液量 /m³	砂比 /%	砂浓度 /(kg·m⁻³)	阶段砂量 /kg	阶段砂量 /m³	累计砂量 /kg	累计砂量 /m³	备注
6	滑溜水	14	40	300	—	—	—	—	—	—	—
7	滑溜水	14	40	340	4.00	57.60	2 304	1.6	5 040	3.5	100 目
8	滑溜水	14	40	380	—	—	—	—	—	—	—
9	滑溜水	14	30	410	5.00	72.00	2 160	1.5	7 200	5.0	100 目
10	滑溜水	14	40	450	—	—	—	—	—	—	—
11	滑溜水	14	35	485	3.00	48.60	1 701	1.1	8 901	6.1	40/70 目
12	滑溜水	14	40	525	—	—	—	—	—	—	—
13	滑溜水	14	45	570	5.00	81.00	3 645	2.3	12 546	8.3	40/70 目
14	滑溜水	14	40	610	—	—	—	—	—	—	—
15	滑溜水	14	45	655	7.00	113.40	5 103	3.2	17 649	11.5	40/70 目
16	滑溜水	14	40	695	—	—	—	—	—	—	—
17	滑溜水	14	40	735	8.00	129.60	5 184	3.2	22 833	14.7	40/70 目
18	滑溜水	14	40	775	—	—	—	—	—	—	—
19	滑溜水	14	40	815	10.00	162.00	6 480	4.0	29 313	18.7	40/70 目
20	滑溜水	14	45	860	—	—	—	—	—	—	—
21	滑溜水	14	40	900	12.00	194.40	7 776	4.8	37 089	23.5	40/70 目
22	滑溜水	14	45	945	—	—	—	0	—	—	—
23	滑溜水	14	45	990	13.00	210.60	9 477	5.9	46 566	29.3	40/70 目
24	滑溜水	14	45	1 035	—	—	—	—	—	—	—
25	滑溜水	14	40	1 075	14.00	226.80	9 072	5.6	55 638	34.9	40/70 目
26	滑溜水	14	45	1 120	—	—	—	—	—	—	—
27	滑溜水	14	45	1 165	15.00	243.00	10 935	6.8	66 573	41.7	40/70 目
28	滑溜水	14	15	1 180	—	—	—	—	—	—	—
29	胶液	14	40	1 220	—	—	—	—	—	—	—
30	胶液	14	45	1 265	16.00	259.20	11 664	7.2	78 237	48.9	40/70 目
31	胶液	14	40	1 305	—	—	—	—	—	—	—
32	胶液	14	35	1 340	17.00	275.40	9 639	6.0	87 876	54.8	40/70 目
33	胶液	14	20	1 360	19.00	307.80	6 156	3.8	94 032	58.6	40/70 目
34	胶液	14	45	1 405	—	—	—	—	—	—	—
35	胶液	14	35	1 440	20.00	324.00	11 340	7.0	105 372	65.6	40/70 目

续表

阶段	液体类型	排量/(m³·min⁻¹)	净液体积/m³	累积净液量/m³	砂比/%	砂浓度/(kg·m⁻³)	阶段砂量/kg	阶段砂量/m³	累计砂量/kg	累计砂量/m³	备注
36	胶液	14	20	1 460	22.00	356.40	71 28	4.4	112 500	70.0	40/70目
37	胶液	14	45	1 505	—	—	—	—	—	—	—
38	胶液	14	25	1 530	19.00	307.80	7 695	4.8	120 195	74.8	30/50目
39	胶液	14	25	1 555	21.00	340.20	8 505	5.3	128 700	80.0	30/50目
40	胶液	14	10	1 565	—	—	—	—	—	—	顶替
	滑溜水	14	35	1 600	—	—	—	—	—	—	
合计	总净液量1 600 m³:滑溜水1 215 m³;胶液385 m³ 总支撑剂量80 m³:100目5 m³;40/70目65 m³;30/50目10 m³ 备注:调整胶液黏度大于35 MPa·s,滑溜水黏度为12 MPa·s										

第 **9** 章
二次加砂技术

9.1 二次加砂技术原理及技术优点

二次加砂技术是在压裂过程中,完成第一级加砂后停泵,待裂缝闭合后,开始进行第二级加砂,每级加砂都是相对独立完整的泵注过程(前置液、携砂液、顶替液)。二次加砂具有下列作用:

(1)控制裂缝向下延伸,缝长较长

第一次加砂后的支撑剂会向裂缝的底部沉降运移,在下部形成一个稳定的遮挡层。这与以往采用的下沉剂控缝高具有同样的效果。二次加砂时,裂缝不再向下延伸或向下延伸受阻,裂缝朝长度方向发展,造成整个裂缝(相对一次加砂)缝高较小而缝长较长。

(2)支撑剂向上充填,避免裂缝上部较空

常规加砂压裂,支撑剂沉降等原因往往导致裂缝上部支撑剂充填不实而成为无效裂缝,这些位置正需要支撑剂的充填。同时,缝高较高,无效缝增加,支撑剂充填在非油层位置不能提高产量。进行二次加砂压裂,可进一步充填裂缝,使得裂缝有效缝高更大,同时裂缝宽度加大,增加了裂缝的导流能力,延长了裂缝的有效期。

(3)支撑裂缝宽度大,导流能力高

一次加砂后,停泵等待支撑剂的沉降,此时裂缝下部的宽度增加。二次加砂时,裂缝高度受限,净压力提高,裂缝宽度增加。整体效果上,裂缝宽度是增加的,从而增加了导流能力(图9.1—图9.3)。

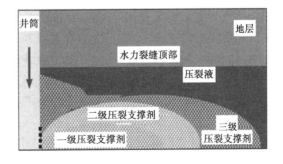

图9.1 二次加砂示意图

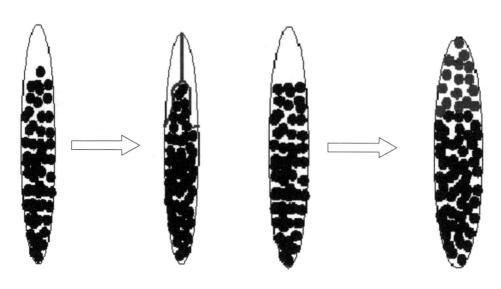

图 9.2　一次加砂缝宽剖面　　　　　　　图 9.3　二次加砂缝宽剖面

9.2　技术适应性

从以上二次加砂技术原理来看,二次加砂技术适合于下述储层:①产层位于储层上部,下部与上部没有明显遮挡层;②单层厚度大,裂缝高度大;③储层地应力差别小,容易形成较大的缝高;④储层弹性模量低,支撑剂存在嵌入现象。

9.3　技术应用

玛 131 井储层埋深为 3 186 ~ 3 200 m,厚度为 14 m,测井解释孔隙度为 7.39%、试井渗透率为 $0.46 \times 10^{-3} \mu m^2$。措施层段位于厚储层上部,储层厚度为 40 m,没有应力遮挡。设计采用二次加砂工艺进行储层改造。第一次加砂采用 20/40 目郑州润宝中密高强陶粒 22 m³ 及 30/50 目郑州润宝陶粒 8 m³;第二次加砂采用 20/40 目郑州润宝中密高强陶粒 40 m³。施工曲线如图 9.4 所示。第一次加砂时,为有效控制缝高和便于支撑剂沉降,采用 3.2m³/min 的加砂速率;第二次加砂时,为保证形成较宽的裂缝,以及支撑剂在第一次支撑剂沉降的基础上向上堆积,采用 4.0 ~ 4.5 m³/min 的速率施工。施工后获得稳定产油量 6 m³/d,如图 9.5 所示。

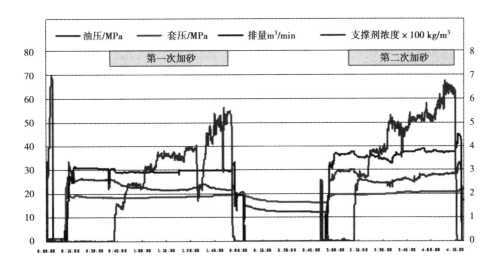

图 9.4　玛 131 井施工曲线

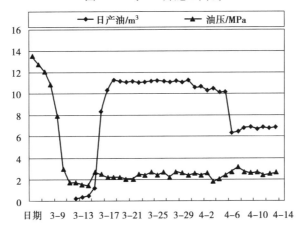

图 9.5　玛 131 井试油曲线

第 **10** 章
水平井同步压裂技术

10.1　同步压裂概念

国外丛式井组压裂实践中最常用的是同步压裂工艺,该技术是指对两口或两口以上的配对井进行同时压裂,利用两口水平井同时压裂产生的延伸裂缝之间的相互力学干扰,促使裂缝转向,一系列裂缝组在横向和纵向上产生,形成有效的压裂裂缝网络,从而实现水力裂缝网状延伸,以增加水力压裂裂缝网络的密度及表面积,最大限度地连通天然裂缝,提高储层改造程度和改造范围,为储层流体提供立体式的高速流动通道。

一般情况下,同步压裂井的井眼轨迹方位都与最小水平主应力一致,并且处于相同的深度。各水平段的每一级压裂同时进行,压裂顺序从水平段的趾端到跟端。在压裂级数非常近的情况下进行同时压裂,直到所有的压裂完成后进行返排。

10.2　同步压裂原理

水力裂缝在裂缝周围的地层中产生大量的诱导应力,引起裂缝周围附近地层应力场变化,人工裂缝的切向诱导应力变化大于径向诱导应力变化,达到一定程度时地层水平应力将重新定向,裂缝会实现缝内转向。由于人工支撑裂缝面面积较大,其产生的诱导应力可以延伸到较远的区域。因此,可以充分利用井间应力干扰产生的应力重定向来得到有利的水力压裂裂缝方位。

①随着裂缝净压力的增加,地层的水平应力差异系数逐渐减小,说明净压力越大,越有利于后续裂缝形成复杂缝网。人工裂缝内的净压力受到储层参数和地面施工参数等控制。在施工安全的前提下,可适当增大净压力以增加储层形成复杂缝网的可行性。如图 10.1 所示为在不同裂缝净压力下不考虑裂缝存在时地层差异系数的变化规律。

②考虑裂缝干扰的压裂裂缝的水平应力差异系数始终小于原地层的水平应力差异系数,说明人工裂缝形成诱导应力场对复杂缝网是有利的。

③在同一净压力条件下,随沿井筒方向距离的不断增大,其水平应力差异系数先减小后增大,必然有一个距离使得地层取得的水平应力差异系数最小,即下一对裂缝同步压裂时在这个位置射孔对复杂缝网的形成最为有利。在不同净压力下,净压力大小的变化并没有影响取得最小水平应力差异系数的沿井筒方向距离。

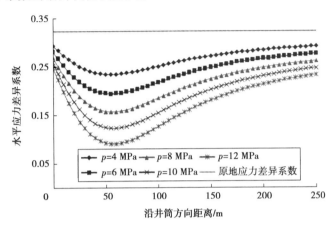

图 10.1　应力差异系数随着距离的变化关系

④在压裂过程中,如果地层水平应力差较小,特别是在天然裂缝的影响下,水力裂缝倾向沿天然裂缝转向延伸,形成网状裂缝。在同步压裂时压开的水力裂缝会在自己周围产生诱导应力场,而同时延伸的多个裂缝会导致诱导应力在叠加区域内得到增强,改变初始应力场的大小和方向,从而影响裂缝扩展形态。

10.3　同步压裂优缺点

多井同步体积压裂充分利用井间应力干扰,促使水力裂缝扩展过程中相互作用,增加水力裂缝改造体积,获得连通多井的复杂裂缝网络,提高多井初始产量和采收率。

同步压裂虽然有很多优点,但该技术的缺点同样明显:

①同步压裂施工规模大,所需要的压裂设备就有更高的要求。

②对地层压力较低的储层,入地液量大,返排困难,增产效果在初期十分明显,后期下降较快。

10.4　同步压裂适用条件

①体积压裂适用于储层厚度大,砂体连片分布,裂缝系统发育,地层能量充足气藏处于或接近原始地应力的储层。

②更适合于地应力差别比较小的储层。

③裸眼完井及套管射孔水平井均适合。

10.5　同步压裂案例

DP43 井组位于鄂尔多斯盆地大牛地气田下石盒子组盒 1 段,为同层双向的丛式水平井组,生产中均采用裸眼预置管柱完井方式。

对于大牛地气田水平最小主应力差较小的地层而言,利用同步压裂所产生的诱导应力场,可以实现裂缝的缝内转向,形成具有一定规模的缝网结构,有效地提高压裂改造体积。

室内分析测试结果表明,大牛地气田盒 1 气层砂岩储层最小水平主应力为 39.68 ~ 43.34 MPa,最大水平主应力为 49.39 ~ 49.56 MPa,最大水平主应力和最小水平主应力差值为 6.05 ~ 9.88 MPa。盒 1 段地层应力状况表明,压裂改造时产生的切向诱导应力只要足够大即可实现水平应力的重新定向,该地层具有通过同步压裂形成复杂缝网结构的地质基础。

同步压裂工艺现场试验借鉴国外页岩气水平井丛式井组同步压裂改造方法,现场试验井组内相邻两口配对水平井 DP43-3H 和 DP43-5H 同步压裂。综合考虑两口井的位置,并分析应力干扰的诱导应力,优化裂缝参数和压裂施工参数,结合同步破胶、液氮伴注工艺技术,应用成熟的 HPG 压裂液体系,压后同时放喷排液。此外,相邻水平井 DP43-1H 采用单井逐段压裂。DP43-3H 和 DP43-5H 水平井均分 9 段实行压裂,同时起泵,同时压裂,压裂结束后同时放喷求产。3 口水平井均采用一点法试气求产,其中 DP43-3H 和 DP43-5H 井实施同步压裂试气,分获无阻流量 $20.41 \times 10^4 \mathrm{m}^3/\mathrm{d}$ 和 $27.51 \times 10^4 \mathrm{m}^3/\mathrm{d}$,而单水平井 DP43-1H 试气无阻流量为 $18.08 \times 10^4 \mathrm{m}^3/\mathrm{d}$。同步压裂改造效果明显,DP43-5H 单井无阻流量为同期大牛地气田盒 1 段气层最高单井产量。同时,地面微地震和地面测斜仪监测解释结果表明,同步压裂水平井缝间和井间裂缝干扰现象明显,压裂改造体积明显大于单压水平井。相较单井压裂工艺,同步压裂工艺还可以有效地提高压裂设备的利用率,并节省大量的人力和物力,实现井组和气田的高效开发。

参考文献

［1］陈钊,王天一,姜馨淳,等.页岩气水平井段内多簇压裂暂堵技术的数值模拟研究及先导实验［J］.天然气工业,2021,41(S1):158-163.

［2］王绍红.浅析页岩气水平井分段压裂技术［J］.中国石油和化工标准与质量,2021,41(1):184-186.

［3］谢建勇,石璐铭,吴承美,等.新疆吉木萨尔页岩油藏压裂水平井压裂簇数优化研究［J］.陕西科技大学学报,2021,39(1):103-109,152.

［4］蒲春生,郑恒,杨兆平,等.水平井分段体积压裂复杂裂缝形成机制研究现状与发展趋势［J］.石油学报,2020,41(12):1734-1743.

［5］刘明明,马收,刘立之,等.页岩气水平井压裂施工中暂堵球封堵效果研究［J］.钻采工艺,2020,43(6):44-48,8.

［6］刘巨保,黄茜,杨明,等.水平井分段压裂工具技术现状与展望［J］.石油机械,2021,49(2):110-119.

［7］赵志红,黄超,郭建春,等.页岩储层中同步压裂形成复杂缝网可行性研究［J］.断块油气田,2016,23(5):615-619.

［8］李小刚,罗丹,李宇,等.同步压裂缝网形成机理研究进展［J］.新疆石油地质,2013,34(2):228-231.

［9］罗天雨,潘竟军,吕毓刚,等.新疆油田火山岩气藏体积压裂机理研究及应用［J］.中外能源,2013,18(2):45-50.

［10］罗天雨,赵金洲,王嘉淮,等.复杂裂缝产生机理研究［J］.断块油气田,2008(3):46-48.

［11］吴奇,丁云宏.水平井分段压裂优化设计技术［M］.北京:石油工业出版社,2013.

［12］罗天雨.水力压裂多裂缝基础理论研究［D］.成都:西南石油大学,2006.

［13］丁云宏.难动用储量开发压裂酸化技术［M］.北京:石油工业出版社,2005.

［14］米卡尔·J.埃克诺米德斯,肯尼斯·G.诺尔特.油藏增产措施［M］.3版.张保平,等,译.北京:石油工业出版社,2002:225-227.

［15］张琪.采油工程原理与设计［M］.东营:石油大学出版社,2000.

［16］万仁溥.现代完井工程［M］.3版.北京:石油工业出版社,2008.

［17］吴奇.井下作业工程师手册［M］.北京:石油工业出版社,2002.

［18］李颖川. 采油工程［M］. 2 版. 北京：石油工业出版社，2009.

［19］王鸿勋，张士诚. 水力压裂设计数值计算方法［M］. 北京：石油工业出版社，1998.

［20］钱斌，欧治林，赵洪涛，等. 压裂改造新技术［M］. 北京：石油工业出版社，2016.

［21］蒋廷学，贾长贵，王海涛，等. 页岩气水平井体积压裂技术［M］. 北京：科学出版社，2017.